Berg/Korb

Lineare Algebra

Mathematik für Wirtschaftswissenschaftler

Teil II

Lineare Algebra und Lineare Programmierung

Lehrstoffkurzfassung und Aufgabensammlung
mit Lösungen

Von
Prof. Dr. Claus C. Berg und
Prof. Dr. Ulf-Günther Korb

unter Mitarbeit von

Şahin Koçak und Klaus Richter

3., durchgesehene Auflage

SPRINGER FACHMEDIEN WIESBADEN GMBH

Die Deutsche Bibliothek – CIP-Einheitsaufnahme

Berg, Claus C.:
Mathematik für Wirtschaftswissenschaftler / von Claus C. Berg;
Ulf-Günther Korb. Unter Mitarb. von Şahin Koçak u. Klaus Richter. –
Wiesbaden: Gabler
NE: Korb, Ulf-Günther:
Teil 2. Lineare Algebra und lineare Programmierung:
Lehrstoffkurzfassung u. Aufgabensammlung mit Lösungen.
– 3., durchges. Aufl. – 1984
ISBN 978-3-409-95025-1

1. Auflage 1975
2. Auflage 1976
Nachdruck 1983
3. Auflage 1984
Nachdruck 1993

© Springer Fachmedien Wiesbaden 1984
Ursprünglich erschienen bei Betriebswirtschaftlicher Verlag Dr. Th. Gabler GmbH, Wiesbaden 1984

Höchste inhaltliche und technische Qualität unserer Produkte ist unser Ziel. Bei der Produktion und Verbreitung unserer Bücher wollen wir die Umwelt schonen: Dieses Buch ist auf säurefreiem und chlorfrei gebleichtem Papier gedruckt. Die Einschweißfolie besteht aus Polyäthylen und damit aus organischen Grundstoffen, die weder bei der Herstellung noch bei der Verbrennung Schadstoffe freisetzen.

ISBN 978-3-409-95025-1   ISBN 978-3-322-87174-9 (eBook)
DOI 10.1007/978-3-322-87174-9

Vorwort

Das vorliegende Buch versteht sich in erster Linie als
eine Aufgabensammlung für Studenten der Wirtschaftswissenschaften und nicht als ein Lehrbuch. Vorlesungen
der Autoren im Grundstudium der betriebswirtschaftlichen
Fakultät der Universität Mannheim haben immer wieder gezeigt, daß zwar kein Mangel an Lehrbüchern der Mathematik herrscht, daß es aber häufig an adaequatem Übungs-
stoff fehlte, um das in den Vorlesungen vermittelte
Wissen zu vertiefen und zu festigen. Die angebotene Aufgabensammlung soll diesem Bedürfnis der Studenten nach
Übungsmöglichkeiten Rechnung tragen.

Bei der Konzipierung der Aufgabensammlung zeigte sich
sehr bald, daß eine Präsentation von Aufgaben ohne jeden
Bezug zum Lehrstoff wenig sinnvoll ist. Lehrstoff und
Aufgaben sind nicht trennbar, ohne daß beim Lehrstoff
der Bezug zur praktischen Anwendung und bei den Aufgaben
der Allgemeinheitscharakter der mathematischen Sätze und
Regeln verloren geht. Eine gleichzeitige Berücksichtigung
von Lehrstoff und Aufgaben zwingt jedoch zu einer Setzung
von Prioritäten. Im Falle dieses Buches ist die Präsentation des Lehrstoffes wegen des Vorrangs der Aufgabensammlung zu einer Kurzfassung reduziert worden, die die wesent-
lichen Sätze und Regeln ohne ausführliche Erklärungen und
Ableitungen zusammenstellt. Eine solche Kurzfassung kann
daher kein Lehrbuch und keine Vorlesung ersetzen. Sie
bildet bestenfalls einen Rahmen, der einen Zusammenhang
zwischen Lehrstoff und Aufgaben schafft und zur Beschäf-
tigung mit den Aufgaben anregt. Die Kurzfassung eines
Lehrstoffs bringt jedoch noch weitere Probleme mit sich.

*So muß einmal ein nicht unerheblicher Teil mathematischer
Grundkenntnisse vorausgesetzt werden. Andererseits zwingt
auch die Straffung des Lehrstoffs dazu, detaillierte Be-
gründungen, Falluntersuchungen und Beweise auszulassen,
die ein rigoroser und mathematisch präziser Ansatz fordern
würde. Das wird dann beispielsweise beim Umgang mit dem
Symbol "∞", bei der partiellen Differentiation und bei der
Integration deutlich. Wir haben diese Beschränkungen jedoch bewußt in Kauf genommen, um aus der Kurzfassung des
Lehrstoffs nicht doch wieder ein Lehrbuch werden zu lassen.*

*Wir hoffen, mit diesem Buch einem allgemeinen studenti-
schen Bedürfnis Rechnung getragen zu haben. Zu Dank sind
wir in erster Linie unseren Mitarbeitern Herrn Şahin
Koçak und Herrn Klaus Richter verpflichtet, die eine Haupt-
last bei der Erstellung der Aufgaben und Lösungen getragen
haben. Für kritische Stellungnahmen dürfen wir uns auch
bei Herrn Dipl.-Kaufm. Jürgen Hörtig und Herrn Dipl.-Kaufm.
Rainer Stadel bedanken. Das Manuskript wurde mit vieler
Mühe von Herrn Klaus Richter und Herrn Bernhard Rieder erstellt, wofür wir uns ganz besonders bedanken. Für Schwächen
und Fehler des Buches fühlen sich die Autoren selbstverständ-
lich allein verantwortlich.*

Claus C. Berg

Ulf-Günther Korb

Inhaltsverzeichnis

1.   Das Auflösen linearer Gleichungssysteme

1.1.   *Der Begriff des linearen Gleichungssystems*

1.1.1.   *Definition und Beispiele*

Durch m Gleichungen mit n Unbekannten ist ein lineares Gleichungssystem gegeben, wenn diese Gleichungen etwa folgendes
Aussehen haben:

$$2x\ -3y=\ 7$$
$$-4x+13y=21$$

$$4x_1\ -3x_2+27x_3=19$$
$$2x_1-13x_2\ +9x_3=-4$$

(zwei Gleichungen mit   (zwei Gleichungen mit

 zwei Unbekannten)   drei Unbekannten)

Die Gleichungssysteme

$$2xy-14y\ =0 \qquad und \qquad 4x-\ 7x^y=13$$
$$-7x+15y^2=-13 \qquad\qquad\qquad -x+siny=0$$

sind nach Definition nicht linear. Ein <u>lineares</u> <u>Gleichungs-</u>
<u>system</u> im folgenden kurz Gleichungssystem genannt wird sich
stets in der Form

$$a_{11}x_1+a_{12}x_2+\ldots+a_{1n}x_n=b_1$$
$$a_{21}x_1+a_{22}x_2+\ldots+a_{2n}x_n=b_2$$
$$\cdot \qquad\qquad \cdot$$
$$\cdot \qquad\qquad \cdot$$
$$\cdot \qquad\qquad \cdot$$
$$a_{m1}x_1+\ldots\ldots\ldots+a_{mn}x_n=b_m$$

schreiben lassen. (Der Begriff "lineares" Gleichungssystem
erklärt sich aus der geometrischen Veranschaulichung, wo die
einzelnen Gleichungen des Systems als Geraden (Linien!) oder
Ebenen interpretiert werden.)
Die reellen Zahlen vor den Unbekannten, die a_{ij} ($i=1,\ldots m$ und
$j=1,\ldots,n$), heißen die <u>Koeffizienten</u> des Gleichungssystems. Die
b_1 bis b_m werden als <u>absolute</u> <u>Glieder</u> oder in ihrer Gesamt-
heit als die "rechte Seite" des Gleichungssystems bezeichnet.
Man beachte, daß der Koeffizient in der i-ten Gleichung -im
folgenden auch als Zeile bezeichnet- vor der j-ten Variablen
a_{ij} ist.

<u>**Aufgaben zu 1.1.1.**</u>

(1) Welches der beiden Gleichungssysteme ist linear?

   a) $4u-3v=2u+7$

      $6v-7u=4u-1$

   b) $4u+9v=9u-6uv$

      $u+\ v=7u-7v$

(2) Bilden Sie die Menge der Koeffizienten des folgenden Gleichungssystems:

$$4x_1-2x_2+3x_3-4x_4=0$$
$$7x_1+\ x_2+\ x_3-\ x_4=0$$
$$\ x_1\quad+\ x_3-8x_4=1$$

(3) Zeichnen Sie die Menge aller Punktepaare (x,y), welche die folgende Gleichung erfüllen in ein Koordinatensystem ein:
$3x+2y=6$

   a) Welche geometrische Figur erhalten Sie?

   b) Wie kann man also ein System von Gleichungen der Gestalt $ax+by=c$ geometrisch interpretieren?

(4) Wie sehen in der 2. Aufgabe die folgenden Koeffizienten aus:
a_{12} , a_{22}, a_{24} , a_{32}

1.1.2. <u>Problemstellung</u>

Die Aufgabe, ein Gleichungssystem aufzulösen besteht darin,
alle Möglichkeiten anzugeben, wie man anstelle der Variablen
Zahlen einsetzen kann, welche das Gleichungssystem erfüllen.
Man beachte, daß eine Lösung eines Gleichungssystems mit n Unbekannten in der <u>simultanen</u> Angabe von n Zahlen besteht. Beim
Auflösen von Gleichungssystemen hat man sich wie bei vielen
anderen Aufgaben in der Mathematik und Ökonomie mit folgenden
drei Problemen auseinanderzusetzen:

1. Existenz einer Lösung
2. Eindeutigkeit der Lösung
3. Rechenverfahren (Algorithmus[*]) zur Bestimmung der Lösung.

Es stellt sich jetzt die Frage, wie man allgemein die oben angegebenen drei Probleme lösen kann.

---

[*] Ein Algorithmus ist ein methodisches Rechenverfahren. Der Begriff leitet sich aus dem Namen des Geburtsortes eines ara-
bischen Mathematikers ab.

Aufgaben zu 1.1.2.

(1) Zwei Gleichungen mit zwei Unbekannten kann man als zwei Geraden interpretieren (siehe 3. Aufgabe von 1.1.1.)

    a) Wie kann man das Auflösen eines solchen Gleichungssy-
stems geometrisch interpretieren?

    b) Äußern Sie sich jetzt zum Problem der Eindeutigkeit und
Existenz der Lösung eines solchen Gleichungssystems!

(2) Geben Sie jeweils ein Gleichungssystem (zwei Gleichungen mit
zwei Unbekannten) an, das folgende Eigenschaften besitzt:

    a) keine Lösung

    b) genau eine Lösung

    c) beliebig viele Lösungen

1.2.1.   Erläuterungen an Beispielen

Ein Rechenverfahren, das es gestattet, alle Lösungen eines Gleichungssystens zu bestimmen ist der Gaußsche[*] Algorithmus. Er erlaubt es auch, die Frage nach der Eindeutigkeit und Existenz der Lösung befriedigend zu beantworten. Der Einfachheit wegen besprechen wir den Algorithmus zunächst für _reguläre_ Gleichungssysteme. Das sind Gleichungssysteme, die gleichviel Unbekannte wie Gleichungen haben und genau eine Lösung besitzen. (In 2.8 und 3.3 werden Kriterien angegeben, ob ein Gleichungssystem regulär ist.)

1. Beispiel

$$2x_1 + 2x_2 - 4x_3 = -18$$
$$-3x_1 - 5x_2 + 3x_3 = 19$$
$$4x_1 + 9x_2 - 10x_3 = -54$$

Zunächst dividieren wir die erste Zeile durch 2 und erhalten

$$x_1 + x_2 - 2x_3 = -9$$
$$-3x_1 - 5x_2 + 3x_3 = 19$$
$$4x_1 + 9x_2 - 10x_3 = -54$$

Wir addieren jetzt das dreifache der ersten Zeile zur zweiten Zeile und das (-4)-fache zur dritten Zeile:

$$x_1 + x_2 - 2x_3 = -9$$
$$-2x_2 - 3x_3 = -8$$
$$5x_2 - 2x_3 = -18$$

---

[*] C.F. Gauss war ein bedeutender deutscher Mathematiker, der dieses Rechenverfahren entwickelte.

Analog zu den soeben vollzogenen Schritten dividieren wir die
zweite Zeile durch -2. Die so gewonnene Zeile wird mit -1 bzw.
-5 multipliziert und zur ersten bzw. zur dritten Zeile addiert:

$$x_1+x_2-2x_3=-9 \qquad\qquad x_1-3,5x_3=-13$$
$$x_2+1,5x_3=4 \qquad\qquad x_2+1,5x_3=4$$
$$5x_2-2x_3=-18 \qquad\qquad -9,5x_3=-38$$

Man dividiert jetzt die dritte Zeile durch -9,5 und "räumt die
dritte Spalte aus": das (-1,5)-fache bzw. (3,5)-fache der neuen
dritten Zeile wird zur zweiten bzw. zur ersten Zeile addiert:

$$x_1-3,5x_3=-13 \qquad\qquad x_1=1$$
$$x_2+1,5x_3=4 \qquad\qquad x_2=-2$$
$$x_3=4 \qquad\qquad x_3=4$$

Das letzte Gleichungssystem liefert die Lösung.

2. Beispiel

$$x_1+7x_2-x_3=6$$
$$2x_1-x_2-3x_3=-3$$
$$-3x_1+2x_3=3$$

Es wird die zweite Zeile durch -1 dividiert und das (-7)-fache
dieser so gewonnenen Zeile zur ersten Zeile addiert:

$$15x_1-22x_3=-15$$
$$-2x_1+x_2+3x_3=3$$
$$-3x_1+2x_3=3$$

Jetzt wird die dritte Zeile durch -3 dividiert und das zweifache bzw. (-15)-fache der neuen dritten Zeile zur zweiten bzw.
ersten Zeile addiert:

$$-12x_3=0$$
$$x_2+\frac{5}{3}x_3=1$$
$$x_1-\frac{2}{3}x_3=-1$$

Man dividiert jetzt die erste Zeile durch -12 und räumt die
dritte Spalte aus:

$$x_3=0$$
$$x_2=1$$
$$x_1=-1$$

Es dürfte jetzt keine Schwierigkeiten machen, das am Beispiel vorgeführte Rechenverfahren auf andere Gleichungssysteme anzuwenden, auch wenn die Anzahl der Unbekannten von drei verschieden ist.

Aufgaben zu 1.2.1.

(1) Machen Sie sich klar, welche Umformungen mit Zeilen in den beiden Beispielen von 1.2.1. durchgeführt werden!

(2) Der in 1.2.1. an zwei Beispielen vorgeführte Rechengang soll abstrahiert werden: Geben Sie in einigen Sätzen an, wie man ein beliebiges reguläres Gleichungssystem lösen kann!

(3) Lösen Sie das folgende Gleichungssystem und beschreiben Sie die dabei vorgenommenen Operationen:

$$x_1 + 3x_2 + 2x_3 = 16$$
$$3x_1 + 5x_2 + 7x_3 = 33$$
$$2x_1 + x_2 + 5x_3 = 13$$

(4) Lösen Sie das folgende Gleichungssystem und beschreiben Sie die dabei vorgenommenen Operationen:

$$4x + 3y = 4$$
$$2x - y = 2$$

(5) Lösen Sie das Gleichungssystem

$$x_1 + 2x_2 + x_3 - 2x_4 - 3x_5 = 1$$
$$-6x_2 - 4x_3 + 8x_4 + 7x_5 = 8$$
$$x_3 + 4x_4 + x_5 = 12$$
$$x_4 + 7x_5 = -11$$
$$x_5 = -2$$

1. durch sukzessives Einsetzen der Werte von x_1, x_2, x_3, x_4, x_5!

2. mit Hilfe des Gaußschen Algorithmus!

(6) Lösen Sie das folgende Gleichungssystem mit komplexen Koeffizienten mit Hilfe des Gaußschen Algorithmus! Verfahren Sie dabei genau wie im reellen Fall!

$$2x + (1+i)y - iz = 1$$
$$x + (2-i)y + (1+i)z = 0$$
$$-x + y + 2iz = 0$$

(7) *Für die Herstellung eines Erzeugnisses nach zwei Technologien stehen zwei Materialien zur Verfügung. Bei der ersten Technologie werden 30 Einheiten (E) des ersten und 60 E
des zweiten Materials benötigt, bei der zweiten Technologie 50 E des ersten und 35 E des zweiten Materials. Der Betrieb hat einen Materialvorrat von 950 E beim ersten und
1250 E beim zweiten Material. Wieviel Einheiten sind nach
den verschiedenen Technologien herzustellen, wenn das Material voll verbraucht werden soll?*

(8) *Es soll eine Legierung hergestellt werden, die zu je 50%
aus den Metallen A und B besteht. Man hat aber die Metalle
A und B nicht in reiner Form zur Verfügung, sondern in Form
zweier anderer Legierungen, von denen die eine $\frac{1}{4}A$, $\frac{3}{4}B$, die
andere $\frac{2}{3}A$, $\frac{1}{3}B$ enthält.   Welche Mengen dieser Legierungen
sind zu mischen, um eine Einheit gewünschter Legierung zu
erhalten?*

1.2.2.   *Der Begriff des Pivots*

*Um im folgenden einfacher formulieren zu können wird der Be-
griff des Pivots* eingeführt. Die Redewendung "einen Koeffizienten $a_{i_0 j_0}$ eines Gleichungssystem als Pivot wählen" bedeutet:
1. Die Zeile i_0, in welcher das Pivot $a_{i_0 j_0}$ steht durch $a_{i_0 j_0}$
dividieren.
2. Zu jeder von i_0 verschiedenen Zeile i das $(-a_{i j_0})$-fache
der neuen i_0-ten Zeile addieren.*

*1. Beispiel
In dem Gleichungssystem (es ist dasselbe wie im ersten Beispiel von 1.2.1.)*

$$2x_1 + 2x_2 - 4x_3 = -18$$
$$-3x_1 - 5x_2 + 3x_3 = 19$$
$$4x_1 + 9x_2 - 10x_3 = -54$$

*wird in der ersten Zeile der Koeffizient vor x_2 als Pivot ge-
wählt:*

---

*$Pivot$ *(frz) = Schwenkzapfen an Drehkränen*

1.
$$x_1 + x_2 - 2x_3 = -9$$
$$-3x_1 - 5x_2 + 3x_3 = 19$$
$$4x_1 + 9x_2 - 10x_3 = -54$$

Die erste Zeile wurde durch 2 dividiert.

2.
$$x_1 + x_2 - 2x_3 = -9$$
$$2x_1 \qquad -7x_3 = 26$$
$$-5x_1 \qquad +8x_3 = 27$$

Das fünffache der ersten wurde zur zweiten Zeile addiert.

Das (-9)-fache der ersten wurde zur dritten Zeile addiert.

2. Beispiel

*Wir wollen von der soeben eingeführten Redewendung Gebrauch
machen und das oben gegebene Gleichungssystem lösen. Nachdem
bereits einmal pivotisiert wurde, wählen wir die 2 in der zweiten Zeile als Pivot:*

$$x_1 + x_2 - 2x_3 = -9 \qquad\qquad x_2 + \frac{3}{2}x_3 = 4$$
$$2x_1 \qquad -7x_3 = -26 \qquad\qquad x_1 \qquad -\frac{7}{2}x_3 = -13$$
$$-5x_1 \qquad +8x_3 = 27 \qquad\qquad -\frac{19}{2}x_3 = -38$$

Wählt man jetzt $-\frac{19}{2}$ *als Pivot, so ergibt sich:*

$$x_2 = -2$$
$$x_1 = 1$$
$$x_3 = 4$$

*Wie man sieht, erhält man dasselbe Ergebnis wie im ersten Bei-
spiel von 1.2.1. Es sei bemerkt, daß die Wahl des Pivots prinzipiell beliebig ist. Man kann jedoch gegebenenfalls durch
geschicktes pivotisieren rechnerische Vorteile erreichen:
Vermeiden von großen Brüchen, Reduzierung von Rechenschritten.*

<u>*Aufgaben zu 1.2.2.*</u>

(1) Lösen Sie das folgende Gleichungssystem mit Hilfe des
    Gaußschen Algorithmus:

$$2x+3y-z=20$$
$$-6x-5y+2u=-45$$
$$2x-5y+6z-6u=-3$$
$$4x+6y+2z-3u=58$$

Pivotisieren Sie der Reihe nach wie folgt:

```
*  *  1  *=*
*  *  *  2=*
*  3  *  *=*
4  *  *  *=*
```

(2) Lösen Sie das folgende Gleichungssystem nach dem Gauß-
    schen Algorithmus

$$2x+y-2z=10$$
$$3x+2y+2z=1$$
$$5x+4y+3z=4$$

Pivotisieren Sie zunächst nach dem Schema

```
*  1  *=*
2  *  *=*
*  *  3=*
```

und dann nach:

```
1  *  *=*
*  2  *=*
*  *  3=*
```

Vergleichen Sie die Lösungen und die Zweckmäßigkeit der
Pivotisierung!

(3) Lösen Sie das folgende Gleichungssystem

$$5x_1+7x_2+15x_3=6$$
$$x_1+2x_2+4x_3=4$$
$$2x_1+3x_2+7x_3=5$$

indem Sie es auf folgende Gestalt bringen:

```
0  0  1=*
0  1  0=*
1  0  0=*
```

1.2.3. *Eine technische Vereinfachung des Rechengangs*

Wir wollen im folgenden stets eine technische Vereinfachung berücksichtigen, die darin besteht, bei einem Gleichungssystem das Gleichheits- und Additionszeichen sowie die Unbekannten wegzulassen.

1. Beispiel

Das Gleichungssystem

$$2x_1 + 3x_2 - 7x_3 = 4 \qquad \text{schreibt sich dann} \qquad \begin{pmatrix} 2 & 3 & -7 & | & 4 \\ 4 & -1 & 1 & | & 0 \\ 6 & 0 & 2 & | & 17 \end{pmatrix}$$
$$4x_1 - x_2 + x_3 = 0$$
$$6x_1 + 2x_3 = 17$$

2. Beispiel

Umgekehrt kann man das folgende "Gebilde", das als <u>Matrix</u> bezeichnet wird, sofort als Gleichungssystem schreiben:

$$\begin{pmatrix} 2 & 3 & | & 9 \\ 4 & -7 & | & 0 \\ 3 & -1 & | & 14 \end{pmatrix} \qquad\qquad \begin{aligned} 2x_1 + 3x_2 &= 9 \\ 4x_1 - 7x_2 &= 0 \\ 3x_1 - x_2 &= 14 \end{aligned}$$

Die Matrix

$$\begin{pmatrix} 2 & 3 \\ 4 & -7 \\ 3 & -1 \end{pmatrix}$$

heißt <u>Koeffizientenmatrix</u> des obigen Gleichungssystems.

Der Vorteil der Schreibweise besteht in einer größeren Übersichtlichkeit. Das Verfahren, ein reguläres Gleichungssystem zu lösen, kann in zwei Anweisungen widergegeben werden:

1. Man wähle in einer Zeile, in der noch nicht pivotisiert wurde, ein Pivot.

2. Man wiederhole den 1. Schritt, bis in jeder Zeile einmal ein Pivot gewählt worden ist.

Im folgenden Beispiel sind die Pivots eingerahmt.

3. Beispiel

$$\begin{pmatrix} \boxed{1} & 3 & -1 & 4 & | & -1 \\ 0 & 2 & 3 & -6 & | & 0 \\ -2 & 1 & -2 & 1 & | & 1 \\ 3 & 2 & -1 & 3 & | & 2 \end{pmatrix} \quad \rightarrow \quad \begin{pmatrix} 1 & 3 & -1 & 4 & | & -1 \\ 0 & \boxed{2} & 3 & -6 & | & 0 \\ 0 & 7 & -4 & 9 & | & -1 \\ 0 & -7 & 2 & -9 & | & 5 \end{pmatrix}$$

$$\begin{pmatrix} 1 & 0 & -5{,}5 & 13 & | & -1 \\ 0 & 1 & 1{,}5 & -3 & | & 0 \\ 0 & 0 & \boxed{-14{,}5} & 30 & | & -1 \\ 0 & 0 & 12{,}5 & -30 & | & 5 \end{pmatrix} \rightarrow \begin{pmatrix} 1 & 0 & 0 & \frac{47}{29} & | & -\frac{18}{29} \\ 0 & 1 & 0 & \frac{3}{29} & | & -\frac{3}{29} \\ 0 & 0 & 1 & -\frac{60}{29} & | & \frac{2}{29} \\ 0 & 0 & 0 & \boxed{-\frac{120}{29}} & | & \frac{120}{29} \end{pmatrix}$$

$$\begin{pmatrix} 1 & 0 & 0 & 0 & | & 1 \\ 0 & 1 & 0 & 0 & | & 0 \\ 0 & 0 & 1 & 0 & | & -2 \\ 0 & 0 & 0 & 1 & | & -1 \end{pmatrix} \qquad \begin{aligned} x_1 &= 1 \\ x_2 &= 0 \\ x_3 &= -2 \\ x_4 &= -1 \end{aligned}$$

Aufgaben zu 1.2.3.

Machen Sie bei den folgenden Aufgaben von der in 1.2.3. vor-
geschlagenen technischen Vereinfachung Gebrauch!

(1) Ein Betrieb stellt drei Erzeugnisse her, die jeweils
über drei Maschinen laufen.
Die Maschinenzeitnormen sind der folgenden Tabelle zu entnehmen:

Erzeugnisse

		E_1	E_2	E_3
	M_1	2	1	4
Maschinen	M_2	3	2	1
	M_3	1	2	3

Die Maschinen haben jede für sich eine Kapazität von 200
Zeiteinheiten. Stellen Sie einen Produktionsplan auf, der
alle Maschinen voll auslastet!

(2) Ein Vermögen von 120.000 DM ist unter vier Söhne testa-
mentarisch folgendermaßen aufzuteilen: Jeder Sohn soll das
zweifache des nächst-kleineren Bruders bekommen. Berechnen
Sie die Anteile der vier Söhne mit Hilfe eines linearen
Gleichungssystems!

(3) *Ein Mischproblem:*

Es soll aus den Stoffen A, B, C ein Gemisch konstruiert werden, welches 40% A, 40% B und 20% C enthalten soll. Es stehen aber nur Mischungen G_1, G_2, G_3 in folgender Zusammensetzung zur Verfügung:

G_1: *25% A, 25% B, 50% C*

G_2: *30% A, 40% B, 30% C*

G_3: *50% A, 30% B, 20% C*

Ist es möglich, diese so zu kombinieren, daß die gewünschte Mischung erhalten wird?

(4) *Es werden vier natürliche Zahlen gesucht mit folgenden Eigenschaften:*

1. Ihre Summe beträgt 40.

2. Jede Zahl ist ein Drittel der nächst-größeren Zahl. Bestimmen Sie diese Zahlen mit Hilfe eines linearen Gleichungssystems!

(5) *Fügen Sie zu den zwei Gleichungen:*

$x+2y-6z= 3$

$2x-3y+2z=13$

eine dritte Gleichung so hinzu, daß das entstehende System regulär wird! Geben Sie auch die Lösung Ihres Systems an!

(6) *Finden Sie vier aufeinanderfolgende natürliche Zahlen, deren Summe 50 ist! Stellen Sie ein lineares Gleichungssystem auf und lösen Sie es mit Hilfe des Gaußschen Algorithmus!*

(7) *Finden Sie eine vierelementige arithmetische Progression mit Periode 4 und Termsumme 20!*

1.3.1.   Das Rechenprogramm

Man mache sich zunächst klar, daß die technische Vereinfachung aus 1.2.3. und der Begriff des Pivots unabhängig davon ist, ob das Gleichungssystem regulär ist. Wir lösen jetzt jedes Gleichungssystem mit Hilfe des folgenden "Flußdiagramms":

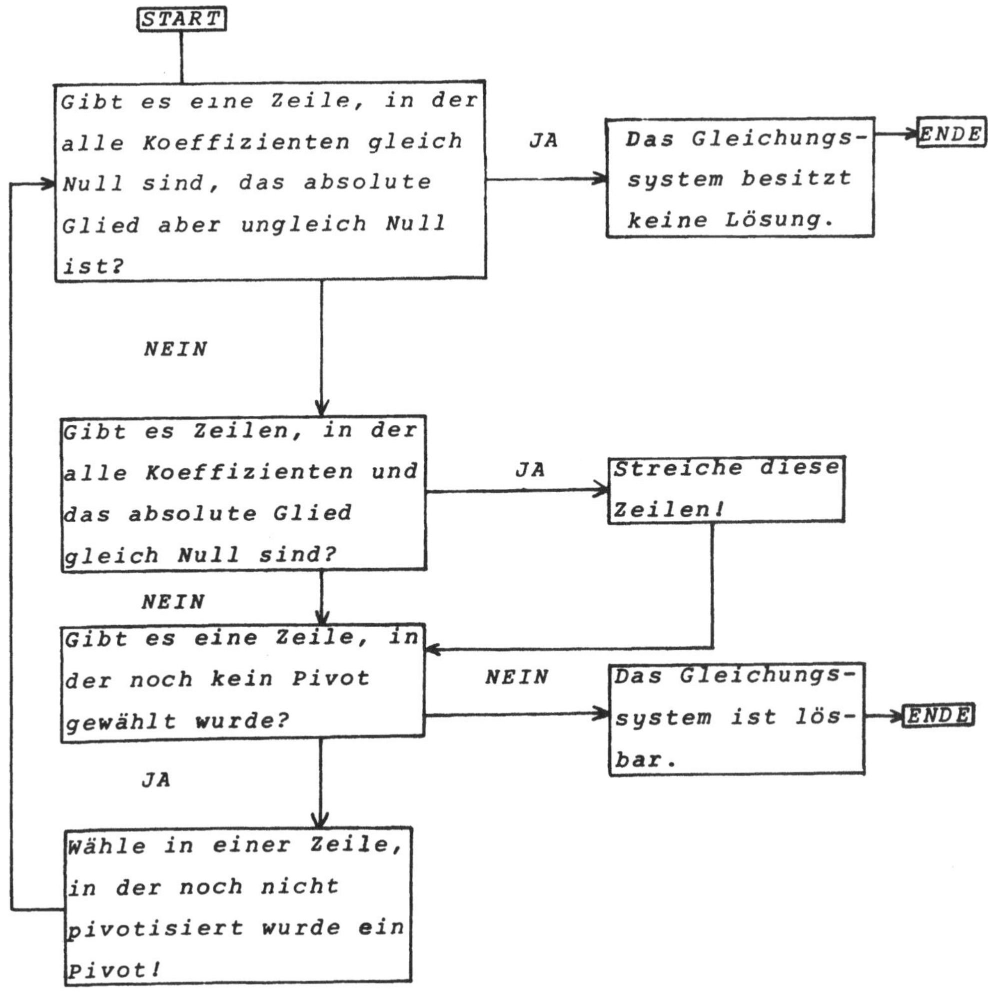

Im folgenden soll diese Kette von Anweisungen und Fragen untersucht werden. Zunächst machen wir uns klar, daß eine Gleichung der Form:

$$0 \cdot x_1 + 0 \cdot x_2 + \ldots + 0 \cdot x_n = 0$$

für alle x_1 bis x_n stets erfüllt ist. Gleichungen dieser Form können also gestrichen werden.

(1) Diskutieren Sie das Flußdiagramm für den Fall, daß das Gleichungssystem regulär ist! Welche Fragen werden stets mit NEIN beantwortet und wie könnte man daher das Flußdiagramm vereinfachen?

(2) Rechnen Sie die Gleichungssysteme der Lösungen der 2. Aufgabe zu 1.1.2. mit Hilfe dieses Flußdiagramms nochmals durch!

1.3.2.   Zur Existenz und Eindeutigkeit der Lösung

Wenn in einer Zeile i alle Koeffizienten gleich Null sind und das absolute Glied ungleich Null ist, können wir x_1 bis x_n wählen wie wir wollen, dise Gleichung ist nicht erfüllbar:

$$0 \cdot x_1 + 0 \cdot x_2 + \ldots + 0 \cdot x_n = b \neq 0$$

Das Gleichungssystem, das eine solche Zeile hat ist also nicht lösbar.

1. Beispiel

$$\begin{array}{rcl} x_1 + 2x_2 - x_3 &=& 4 \\ -2x_1 + 5x_2 + x_3 &=& 5 \\ -2x_1 + 14x_2 &=& 14 \end{array}$$

$$\left(\begin{array}{ccc|c} 1 & 2 & -1 & 4 \\ -2 & 5 & \boxed{1} & 5 \\ -2 & 14 & 0 & 14 \end{array} \right) \rightarrow \left(\begin{array}{ccc|c} \boxed{-1} & 7 & 0 & 9 \\ -2 & 5 & 1 & 5 \\ -2 & 14 & 0 & 14 \end{array} \right) \rightarrow$$

$$\left(\begin{array}{ccc|c} 1 & -7 & 0 & -9 \\ 0 & -9 & 1 & -13 \\ 0 & 0 & 0 & -4 \end{array} \right)$$

Hier hat die dritte Zeile die Eigenschaft, daß alle Koeffizienten gleich Null sind, das absolute Glied (-4) aber ungleich Null ist. Das Gleichungssystem ist daher nicht lösbar.

Unter den lösbaren Gleichungssystemen sind diejenigen von Inte-
resse, deren Lösung eindeutig ist. Sie sind dadurch ausgezeichnet,
daß das Gleichungssystem, das man nach der Durchführung des
Rechenprogramms in 1.3.1. erhält ebensoviele Gleichungen wie
Variable hat. Reguläre Geichungssysteme haben beispielsweise
diese Eigenschaft, aber nicht nur reguläre allein, wie folgendes
Beispiel zeigt:

2. Beispiel

$$
\begin{pmatrix} \boxed{1} & 1 & 0 \\ 2 & 3 & -1 \\ 6 & 8 & -2 \end{pmatrix} \rightarrow
\begin{pmatrix} 1 & 1 & 0 \\ 0 & \boxed{1} & -1 \\ 0 & 2 & -2 \end{pmatrix} \rightarrow
\begin{pmatrix} 1 & 0 & 1 \\ 0 & 1 & -1 \\ 0 & 0 & 0 \end{pmatrix} \rightarrow
\begin{pmatrix} 1 & 0 & 1 \\ 0 & 1 & -1 \end{pmatrix}
$$

Aufgaben zu 1.3.2.

(1) Zeigen Sie mit Hilfe des Gaußschen Algorithmus, daß das fol-
    gende Gleichungssystem unlösbar ist:

$$3x_1 \quad +2x_2+x_3=7$$
$$x_1 \quad +0,5x_2-x_3=4$$
$$x_1+0,75x_2+x_3=5$$

Gilt das auch vom homogenen Gleichungssystem (d.h. 7,4und 5
werden durch Null ersetzt)?

(2) Gegeben sei das folgende Gleichungssystem mit Parameter a:

$$ax+3y+z=0$$
$$x-2y-z=1$$
$$x+4y+z=2$$

Bestimmen Sie mit Hilfe des Gaußschen Algorithmus alle Werte
von a, für die das Gleichungssystem eindeutig lösbar ist!

(3) Es werden 3 Zahlen gesucht mit der seltsamen Eigenschaft:
    Jede von ihnen ist das 10-fache jeder anderen.
    Stellen Sie ein System mit 6 Gleichungen auf, und lösen Sie
    dieses System!

 Das kanonische Gleichungssystem und seine Interpretation

Man muß, falls das Gleichungssystem lösbar ist, im allgemeinen damit rechnen, daß die Matrix, die man am Ende des Rechenprogramms erhält, mehr Variable als Gleichungen enthält.

1. Beispiel:

$$\begin{pmatrix} \boxed{1} & 3 & 2 & -1 & \bigm| & 0 \\ 2 & -1 & 5 & 2 & \bigm| & 3 \\ -1 & 11 & -4 & -7 & \bigm| & -6 \\ 1 & 10 & 1 & -5 & \bigm| & -3 \end{pmatrix} \qquad \begin{pmatrix} 1 & 3 & 2 & -1 & \bigm| & 0 \\ 0 & -7 & \boxed{1} & 4 & \bigm| & 3 \\ 0 & 14 & -2 & -8 & \bigm| & -6 \\ 0 & 7 & -1 & -4 & \bigm| & -3 \end{pmatrix}$$

$$\begin{pmatrix} 1 & 17 & 0 & -9 & \bigm| & -6 \\ 0 & -7 & 1 & 4 & \bigm| & 3 \\ 0 & 0 & 0 & 0 & \bigm| & 0 \\ 0 & 0 & 0 & 0 & \bigm| & 0 \end{pmatrix}$$

Das letzte Gleichungssystem läßt sich in folgender Form schreiben:

$$x_1 \quad +17x_2 -9x_4 = -6$$
$$x_3 - 7x_2 +4x_4 = 3$$

Es ist im Sinne folgender Definition kanonisch:

Definition:

Ein Gleichungssystem ist <u>kanonisch</u>, wenn es sich (ggf. durch Umnumerieren der Variablen) folgendermaßen schreiben läßt:

$$x_1 \cdot \cdot \cdot \cdot + a_{1m+1}x_{m+1} + \ldots + a_{1n}x_n = b_1$$
$$\ddots \quad 0$$
$$0 \quad \ddots$$
$$x_m + a_{mm+1}x_{m+1} + \ldots + a_{mn}x_n = b_m$$

Merke:

Falls ein Gleichungssystem mehrere Lösungen hat, erhält man am Ende des Rechenweges stets ein kanonisches Gleichungssystem.

In dem obigen kanonischen Gleichungssystem heißen die Variablen x_{m+1} bis x_n <u>freie Variable</u> und x_1 bis x_m gebundene oder <u>Basisvariable</u>. Die Bezeichnungsweise erklärt sich aus der Tatsache, daß man alle Lösungen (man sagt auch die allgemeine Lösung) erhält, wenn man die Variablen x_{m+1} bis x_n frei wählt und für die restlichen Variablen wie folgt setzt:

$$x_i := b_i - (a_{im+1}x_{m+1} + \ldots + a_{in}x_n) \qquad i=1,\ldots,m$$

Spezielle Lösungen erhält man, wenn man für die freien Variablen spezielle Werte, z.B. 0, setzt.

2. Beispiel:

Im ersten Beispiel erhält man alle Werte, wenn man x_2 und x_4 frei wählt und $x_1=-6-(17x_2-9x_4)$ sowie $x_3=3-(-7x_2+4x_4)$ setzt. Spezielle Lösungen sind z.B.:

$x_1=-6, \; x_2=0, \; x_3=3, \; x_4=0$

$x_1=-23, \; x_2=1, \; x_3=10, \; x_4=0$

Im folgenden benötigt man die

Definition:

Ein Gleichungssystem heißt inhomogen, wenn die absoluten Glieder nicht alle gleich Null sind, anderenfalls wird es homogen genannt. Aus einem Gleichungssystem gewinnt man das zugehörige homogene Gleichungssystem, indem man die absoluten Glieder gleich Null setzt.

(1) Bringen Sie das folgende Gleichungssystem in die kanonische
Gestalt und geben Sie sie allgemeine Lösung an!

$$2x+2y+z+2u-3v=0$$
$$x+2y+3z+4u+4v=0$$
$$2x+3y+z+5u-5v=0$$
$$x+3y+3z+7u+2v=0$$
$$5x+6y+5z+8u-2v=0$$

(2) Ist das folgende homogene Gleichungssystem lösbar?

$$x-2y+2z=0$$
$$2x+y-2z=0$$
$$3x+4y-6z=0$$
$$3x-11y+12z=0$$

Besitzt es eine von Null verschiedene Lösung?

Wenn ja, wieviele gibt es deren?

(3) Ist das folgende inhomogene Gleichungssystem lösbar?

$$2x_1-x_2-3x_3=1$$
$$x_1-x_2+2x_3=-2$$
$$4x_1-3x_2+x_3=-3$$
$$x_1-5x_3=3$$

Wenn ja, geben Sie die Lösungen an!

(4) Beweisen Sie, daß das folgende homogene Gleichungssystem
nicht regulär ist, und geben Sie eine von Null verschiedene
Lösung an:

$$x_1=\frac{1}{3}(x_2+x_3+x_4)$$
$$x_2=\frac{1}{3}(x_1+x_3+x_4)$$
$$x_3=\frac{1}{3}(x_1+x_2+x_4)$$
$$x_4=\frac{1}{3}(x_1+x_2+x_3)$$

(5) Zeigen Sie, daß das folgende inhomogene Gleichungssystem
mit Parameter q außer für $q=-1$ immer lösbar ist:

$$
\begin{aligned}
x_1+2x_2\ -qx_3\ \ \ \ \ \ \ \ +4x_5\ +(q+1)x_6 &= -q\\
-3x_1-6x_2+3qx_3\ \ \ \ \ \ -12x_5-2(q+1)x_6 &= 2q\\
2x_1+4x_2-2qx_3\ +x_4+10x_5\ \ \ \ \ \ \ \ \ \ &= 2\\
2x_1+4x_2-2qx_3-2x_4\ +4x_5+6(q+1)x_6 &= -4-6q
\end{aligned}
$$

Geben Sie für $q=0$ eine Darstellung der Lösungen in Form von
freien und gebundenen Variablen an!

(6) Ein Betrieb stellt die drei Erzeugnisse P_1, P_2 und P_3 her.
Dazu werden Materialarten M_1, M_2, M_3, M_4 und M_5 benötigt. Die
folgende Zusammenstellung gibt einen Überblick über die
Materialverbrauchsnormen (in Materialeinheiten) zur Herstellung einer Erzeugnisart.

	P_1	P_2	P_3
M_1	–	5	1
M_2	4	1	3
M_3	2	6	–
M_4	3	1	2
M_5	2	7	3

Folgende Materialmengen stehen zur Verfügung:

$M_1=52$ (Materialeinheiten), $M_2=36$, $M_3=70$, $M_4=29$, $M_5=86$.
Versuchen Sie, für P_1, P_2, P_3 Produktionseinheiten zu bestim-
men, die zusammen genau das vorhandene Material benötigen!
Ist dies exakt möglich?

(7) Zeigen Sie, daß im folgenden Gleichungssystem zwei Variablen
frei wählbar sind!

$$
\begin{aligned}
2x_1-3x_2+6x_3+2x_4-5x_5 &= 3\\
x_2-4x_3+x_4 &= 1\\
x_4-3x_5 &= 2
\end{aligned}
$$

Drücken Sie x_1, x_2, x_4 in Abhängigkeit von x_3 und x_5 aus, indem Sie die Koeffizientenmatrix auf die

Form $\begin{pmatrix} 1 & 0 & * & 0 & * \\ 0 & 1 & * & 0 & * \\ 0 & 0 & * & 1 & * \end{pmatrix}$ transformieren!

Sind auch x_4 und x_5 frei wählbar?

(8) Zeigen Sie mit Hilfe des Gaußschen Algorithmus, daß das folgende inhomogene Gleichungssystem lösbar ist und eine freie Variable zuläßt:

$$4x_1 + 3x_2 + 2x_3 - x_4 = 4$$
$$5x_1 + 4x_2 + 3x_3 - x_4 = 4$$
$$-2x_1 - 2x_2 - x_3 + 2x_4 = -3$$
$$11x_1 + 6x_2 + 4x_3 + x_4 = 11$$

Wählen Sie zunächst x_4 frei und stellen Sie die anderen als gebunden dar! Dann wählen Sie x_1 frei und drücken Sie die übrigen in Abhängigkeit von x_1 aus!

(9) Für die Herstellung von drei Erzeugnissen benutzt ein Betrieb zwei verschiedene Materialarten. Die Materialverbrauchsnormen und die Materialvorräte sind in der folgenden Tabelle gezeigt.

Erzeugnisse

Material		E_1	E_2	E_3	
	M_1	2	6	1	50
	M_2	4	2	5	90

Vorräte

1. Stellen Sie das Gleichungssystem eines Produktionsplans auf, der die Materialien ganz verbraucht!

2. Finden Sie die allgemeine Lösung dieses Systems und geben Sie zwei spezielle nicht-negatve ganzzahlige Lösungen an!

3. Veranschaulichen Sie graphisch andere mögliche Produktionspläne und geben Sie zwei Pläne mit positiv-rationellen Erzeugniseinheiten an!

4. Wie soll der Produktionsplan lauten, wenn von E_3 genau 5 Einheiten hergestellt werden sollen?

(10) Lösen Sie das folgende inhomogene Gleichungssystem mit Hilfe des Gaußschen Algorithmus!

$$2x_1 + x_2 + 3x_3 = 1$$
$$3x_1 + 2x_2 + 7x_3 = \frac{7}{2}$$

Zeigen Sie, daß eine Unbekannte frei gewählt werden kann und wählen Sie zunächst x_1 und x_2 als Basisvariable und x_3 frei! Geben Sie ferner 3 spezielle Lösungen an!

(11) *Diskutieren Sie das folgende inhomogene Gleichungssystem mit Parameter a mit Hilfe des Gaußschen Algorithmus:*

$$x+2y+(a+1)z=2$$
$$2x+3y\qquad +az=3$$
$$x+ay\qquad +3z=2$$

Beweisen Sie, daß das Gleichungssystem für a=-3 unlösbar ist, für a=2 mehr als eine Lösung besitzt und in allen anderen Fällen regulär ist!

(12) *Gegeben sei das folgende Gleichungssystem mit Parametern a,b,c:*

$$2x\qquad +4z=a+c$$
$$5x\qquad +10z=b+3c$$
$$x-2y\ +7z=c$$

Zeigen Sie, daß das Gleichungssystem für keine Werte von a,b,c regulär ist. Welche Bedingung zwischen a,b,c muß erfüllt sein, damit das System überhaupt lösbar ist?

(13) *Lösen Sie das Gleichungssystem:*

$$x_1+4x_2-3x_3+3x_4=5$$
$$3x_1+2x_2-5x_3+7x_4=7$$
$$2x_1+3x_2-4x_3+5x_4=6$$
$$x_1\ -x_2\ -x_3+2x_4=1$$

Zeigen Sie, daß das System zwei freie Variable zuläßt und wählen Sie x_2 und x_3 als freie und x_1 und x_4 als gebundene Variable!

Geben Sie ferner 2 spezielle Lösungen an!

2. Matrizentheorie

2.1. *Der Begriff der Matrix*

2.1.1. *Beispiele und Anwendungsgebiete*

Eine Matrix ist ein "rechteckiges" Anordnungsschema von Zahlen. Im folgenden sind einige Beispiele gegeben:

$$\begin{pmatrix} 1 & 2 \\ 3 & 4 \end{pmatrix},\quad \begin{pmatrix} 1 & 2 & 3 \\ 4 & 5 & 6 \end{pmatrix},\quad (1\ \ 2)\ ,\quad \begin{pmatrix} 0 \\ 1 \end{pmatrix},\quad \begin{pmatrix} 0 & 0 \\ 0 & 0 \end{pmatrix}$$

Matrizen sind geeignete Hilfsmittel, um Daten übersichtlich und knapp festzuhalten und weiterzugeben.

Beispiele:

1. *Aus einem Gleichungssystem kann man zwei Matrizen gewinnen, die sogenannte einfache Matrix oder Koeffizientenmatrix und die erweiterte Matrix.*

$$\begin{aligned} 4x_1 + 2x_2 &= 3 \\ -x_1 + x_2 &= 0 \end{aligned} \qquad \begin{pmatrix} 4 & 2 \\ -1 & 1 \end{pmatrix} \quad \text{einfache Matrix}$$

$$\begin{pmatrix} 4 & 2 & | & 3 \\ -1 & 1 & | & 0 \end{pmatrix} \quad \text{erweiterte Matrix}$$

2. *Anstatt beispielsweise zu schreiben, daß*

$$\begin{aligned} x_1 &= 4 \\ x_2 &= 1 \\ x_3 &= 0 \\ x_4 &= -1 \end{aligned}$$

eine Lösung eines betrachteten Gleichungssystems ist, wollen wir in Zukunft stets die Lösung in Gestalt einer einspaltigen Matrix angeben:
$$\begin{pmatrix} 4 \\ 1 \\ 0 \\ -1 \end{pmatrix}$$

3. *Matrizen können herangezogen werden, um den Güteraustausch zwischen den einzelnen Sektoren einer Volkswirtschaft zu beschreiben. Die Eintragung in der i-ten Zeile und j-ten Spalte einer Matrize, die hier Input-Output-Tabelle genannt wird läßt sich als Gütermenge interpretieren, die der i-te Sektor an den j-ten Sektor in einem Zeitabschnitt geliefert hat.*

4. Die folgende Tabelle

	P_1	P_2
R_1	1	0
R_2	2	3
R_3	1	6

gibt an, wieviele Rohstoffe in eine ME (=Mengeneinheit) eines
Endproduktes eingehen:

Man braucht 1 ME des 1. Rohstoffs, 2 ME des 2. Rohstoffs und
1 ME des 3. Rohstoffs um 1 ME des 1. Endprodukts herzustellen.
Fur 1 ME des 2. Endprodukts benötigt man 3 ME des 2. und 6 ME
des 3. Rohstoffs.

Aufgaben zu 2.1.1.

1. Welche der folgenden Zahlengruppierungen stellt gewöhnlich
   eine Matrix dar?

$$
\begin{array}{cccc}
 & 1 & & \\
 & 1 & 2 & \\
 -1 & 3 & & 2 \\
 5 & 0 & -2 & 4
\end{array}
\qquad
\begin{array}{ccc}
\frac{1}{2} & & \\
1 & 1 & \\
1 & 2 & 3 \\
1 & 4 & -2 \; 0
\end{array}
\qquad
\begin{array}{c}
1 \\
2 \\
-1 \\
-2
\end{array}
$$

$$
\begin{array}{cccc}
0 & 0 & -1 & 2 \\
0 & 0 & 0 & 1 \\
0 & 0 & 0 & 0
\end{array}
\qquad
\begin{array}{ccc}
1 & & \\
1 & & 1 \\
1 & & 1 \\
1 & 1 & \\
1 & &
\end{array}
$$

2. Bestimmen Sie die einfachen und erweiterten Matrizen der folgenden linearen Gleichungssysteme:

$$
\begin{aligned}
\text{I} \quad & x_1 - 3x_2 + 2x_3 - 5x_4 = 10 \\
& 2x_1 + x_2 - x_3 + 3x_4 = 0 \\
& -x_1 + 5x_2 + 6x_3 + x_4 = 4
\end{aligned}
\qquad
\begin{aligned}
\text{II} \quad & x_1 + x_2 = 10 \\
& x_1 + x_3 = 5 \\
& x_1 - x_3 = 5
\end{aligned}
$$

3. Zur Herstellung von 2 Zwischenprodukten P_1, P_2 werden drei Sorten
   von Rohstoffen R_1, R_2, R_3 benutzt. Um eine Mengeneinheit (ME)
   von P_1 herzustellen, braucht man 6 ME von R_1, 4 ME von R_2 und
   2 ME von R_3. Eine Mengeneinheit von P_2 erfordert 3 ME von R_1,
   4 ME von R_2 und 5 ME von R_3. Dann wird aus 12 ME von P_1 und
   5 ME von P_2 ein Endprodukt P hergestellt. Stellen Sie diese
   Daten in Tabellen- und Matrizenform auf!

Es sei eine Matrix mit m Zeilen und n Spalten gegeben:

$$\begin{pmatrix} a_{11} \cdots a_{1j} \cdots a_{1n} \\ \cdot \\ \cdot \\ \cdot \\ a_{i1} \cdots a_{ij} \cdots a_{in} \\ \cdot \\ \cdot \\ \cdot \\ a_{m1} \cdots a_{mj} \cdots a_{mn} \end{pmatrix}$$

Sie wird oft in folgender Form geschrieben und mit einem großen
lateinischen Buchstaben bezeichnet:

$A=(a_{ij})$ $i=1,\ldots,m$
             $j=1,\ldots,n$

A heißt eine Matrix vom *Typ mxn* (oder (m,n)), wenn sie m Zeilen
und n Spalten hat.

Man sagt, daß zwei Matrizen *vom gleichen Typ* sind, wenn sie
gleichviel Zeilen und Spalten haben. Die reellen Zahlen in der
Matrix werden *Eintragungen* oder *Koeffizienten* genannt.

Die *i-te Zeile* von A ist nach Definition:

$(a_{i1},\ldots,a_{in})$,

und die *j-te Spalte* ist:

$$\begin{pmatrix} a_{1j} \\ \cdot \\ \cdot \\ \cdot \\ a_{mj} \end{pmatrix}$$

Eine Matrix heißt *quadratisch*, wenn m=n.

Die einzeilige Matrix $(a_{11},a_{22},\ldots,a_{nn})$ einer quadratischen
Matrix heißt *Hauptdiagonale*. Die *Nebendiagonale* ist

$(a_{1n},a_{2n-1},\ldots,a_{n1})$.

<u>**Aufgaben zu 2.1.2.**</u>

1. *Es wird eine Matrix nach folgender Regel definiert:*

$$A := (a_{ij})_{\substack{i=1,\ldots,4 \\ j=1,\ldots,4}} \qquad \text{mit } a_{ij} = \begin{cases} 1 & \text{falls } i=j \\ 0 & \text{sonst} \end{cases}$$

Schreiben Sie diese Matrix aus!

2. *Es wird eine Matrix nach folgender Regel definiert:*

$$A := (a_{ij})_{\substack{i=1,2 \\ j=1,2}} \qquad \text{mit } a_{ij} = (-1)^{i+j}$$

Schreiben Sie diese Matrix aus!

3. *Schreiben Sie die zweite Zeile folgender Matrix in Form einer einspaltigen Matrix und die dritte Spalte in Form einer einzeiligen Matrix*

$$\begin{pmatrix} 3 & 0 & -2 & 1 \\ 4 & 5 & 0 & 0 \\ -1 & 6 & 10 & 4 \end{pmatrix}$$

4. *Schreiben Sie die Haupt- bzw. Nebendiagonale der folgenden Matrix in Form einer einzeiligen, bzw. einspaltigen Matrix:*

$$\begin{pmatrix} 1 & 2 & 3 & 4 \\ 2 & 3 & 4 & 1 \\ 3 & 4 & 1 & 2 \\ 4 & 1 & 2 & 3 \end{pmatrix}$$

2.2. Spezielle Matrizen

2.2.1. Beispiele und Begriffe

Definition:

Eine Matrix heißt _Nullmatrix_, wenn alle Koeffizienten gleich Null sind.

1. Beispiel:

$$\begin{pmatrix} 0 & 0 \\ 0 & 0 \end{pmatrix}$$

Definition:

Eine quadratische Matrix heißt _Einheitsmatrix_, wenn alle Eintragungen in der Hauptdiagonalen gleich 1 sind und 0 sonst.

2. Beispiel:

$$\begin{pmatrix} 1 & 0 \\ 0 & 1 \end{pmatrix} \qquad \text{zweite Einheitsmatrix}$$

Definition:

Eine quadratische Matrix heißt _Diagonalmatrix_, wenn über _und_ unter der Haupt- oder Nebendiagonalen nur Nullen stehen.

3. Beispiel:

$$\begin{pmatrix} 0 & 1 \\ 2 & 0 \end{pmatrix}$$

Definition:

Eine Matrix heißt _Dreiecksmatrix_, wenn über _oder_ unter der Haupt- oder Nebendiagonalen nur Nullen stehen.

4. Beispiel:

$$\begin{pmatrix} 0 & 1 \\ 2 & 3 \end{pmatrix}$$

<u>*Aufgaben zu 2.2.1.*</u>

(1) Bezeichnen Sie folgende Matrizen in üblicher Form:

$$A = \begin{pmatrix} 0 & 0 \\ 0 & 0 \end{pmatrix} \qquad B = \begin{pmatrix} 4 & 2 & 1 \\ 3 & -1 & 0 \\ -5 & 0 & 0 \end{pmatrix} \qquad C = \begin{pmatrix} 3 & 0 & 0 \\ 0 & 6 & 0 \\ 0 & 0 & 9 \end{pmatrix}$$

$$D = \begin{pmatrix} 1 & 0 & 0 \\ 0 & 1 & 0 \\ 0 & 0 & 1 \end{pmatrix} \qquad E = \begin{pmatrix} 2 & 0 & -1 \\ 5 & 3 & -4 \\ -3 & \frac{1}{2} & 0 \end{pmatrix}$$

2.2.2. <u>*Zeilen- und Spaltenvektoren*</u>

<u>*Definition:*</u>
Eine einzeilige Matrix heißt <u>*Zeilenvektor*</u>. *Eine einspaltige
Matrix heißt* <u>*Spaltenvektor*</u>.

1. Beispiel:

$$(1,0,2) \qquad \textit{Zeilenvektor}$$
$$\begin{pmatrix} 1 \\ 2 \end{pmatrix} \qquad \textit{Spaltenvektor}$$

<u>*Definition:*</u>
Der i-te Koeffizient eines Vektors wird i-te <u>*Komponente*</u> *genannt.*

<u>*Definition:*</u>
Ein(Zeilen- oder Spalten-) Vektor heißt <u>*Nullvektor,*</u> *wenn alle
Komponenten gleich Null sind.*

2. Beispiel:

$$\begin{pmatrix} 0 \\ 0 \end{pmatrix}$$

<u>*Definition:*</u>
Ein Vektor heißt <u>*Einheitsvektor,*</u> *wennn eine Komponente gleich
eins ist und alle anderen gleich Null sind.*

3. Beispiel:

$$\begin{pmatrix} 0 \\ 1 \\ 0 \end{pmatrix}$$

<u>*Aufgaben zu 2.2.2.*</u>

*(1) Wählen Sie aus den folgenden Vektoren die Einheitsvektoren
aus!*

$(0,0,0,0)$, $(1,0,0)$, $(1,1,1)$, $(0,0,0,1)$, $(1,0,1)$

2.3. <u>**Gleichheit und Ordnungsrelation bei Matrizen**</u>

2.3.1. <u>**Gleichheit von Matrizen**</u>

<u>Definition:</u>
Zwei Matrizen sind <u>gleich</u>, wenn sie vom gleichen Typ sind und
ihre Eintragungen an den entsprechenden Positionen übereinstimmen.

1. Beispiel:

$$\begin{pmatrix} 1 & 2 \\ 3 & 4 \end{pmatrix} = \begin{pmatrix} 1 & 2 \\ 3 & 4 \end{pmatrix}, \qquad (1,2,3) \neq (1,2)$$

$$\begin{pmatrix} 1 & 2 \\ 3 & 4 \end{pmatrix} \neq \begin{pmatrix} 2 & 1 \\ 4 & 3 \end{pmatrix}, \qquad \begin{pmatrix} 1 \\ 2 \end{pmatrix} \neq \begin{pmatrix} 2 \\ 1 \end{pmatrix}$$

<u>*Aufgaben zu 2.3.1.*</u>

(1) Sind folgende Matrizen gleich?

$$A = \begin{pmatrix} 1 & 0 & 0 \\ 0 & 1 & 0 \\ 0 & 0 & 1 \end{pmatrix} \quad \text{und} \quad B = \begin{pmatrix} 0 & 0 & 1 \\ 0 & 1 & 0 \\ 1 & 0 & 0 \end{pmatrix}$$

*(2) Welche Werte darf q annehmen, damit folgende Matrizen gleich
werden?*

$$\begin{pmatrix} \frac{1}{2}q^2 & 2q \\ q^2 & q \end{pmatrix}, \qquad \begin{pmatrix} q & q^2 \\ 2q & \frac{1}{4}q^3 \end{pmatrix}$$

2.3.2. *Ordnungsrelation bei Matrizen*

Definition:

Die Matrix A ist größer als die Matrix B, wenn beide Matrizen vom gleichen Typ sind und für ihre Eintragungen an den entsprechenden Positionen folgendes gilt:

$$a_{ij} \geqslant b_{ij},$$

wobei

$$A = (a_{ij}) \quad i = 1, \ldots, m \ , \quad B = (b_{ij}) \quad i = 1, \ldots, m \ .$$
$$j = 1, \ldots, n \qquad\qquad\qquad j = 1, \ldots, n$$

Außerdem muß ein Koeffizient von A größer als der entsprechende Koeffizient von B sein:

Schreibweise:

$$A > B$$

1. Beispiel:

$$\begin{pmatrix} 1 & 2 \\ 3 & 4 \end{pmatrix} > \begin{pmatrix} 1 & 1 \\ -2 & 4 \end{pmatrix}$$

Schreibweise:

"A$\geqslant$B" bedeutet, daß A=B oder A>B gilt.

Merke:

Zwei reelle Zahlen sind stets bezüglich ihrer Größe vergleichbar, zwei Matrizen dagegen nicht.

2. Beispiel:

$$A = \begin{pmatrix} 1 & 0 \\ 0 & -1 \end{pmatrix} \ , \quad B = \begin{pmatrix} -1 & 0 \\ 0 & 1 \end{pmatrix}$$ *sind nicht vergleichbar, d.h. es gilt weder A>B noch B>A.*

Aufgaben zu 2.3.2.

(1) In welchem Wertebereich muß λ liegen, damit A<B gilt?

$$A = \begin{pmatrix} 0 & 2 & 1 \\ 4 & \lambda^2 - 4\lambda + 6 & -3 \\ -4 & 0 & 2 \end{pmatrix} \ , \quad B = \begin{pmatrix} \lambda & 2 & 2 \\ 4 & \lambda & 2 \\ 4 & 4 & \lambda \end{pmatrix}$$

(2) Sind folgende Matrizen vergleichbar?
Wenn ja, welche ist größer?

$$A = \begin{pmatrix} 6 & 1 & 2 \\ 0 & -4 & 5 \\ 3 & 3 & 3 \end{pmatrix} \quad , \quad B = \begin{pmatrix} 6 & 2 & 2 \\ 4 & 0 & 10 \\ 3 & 3 & 3 \end{pmatrix}$$

(3) Zwei der folgenden Matrizen sind vergleichbar. Welche sind
es?

$$A = \begin{pmatrix} 2 & 3 \\ 0 & -2 \end{pmatrix} \quad , \quad B = \begin{pmatrix} 1 & 4 \\ 4 & 1 \end{pmatrix} \quad , \quad C = \begin{pmatrix} 0 & 3 \\ 2 & -1 \end{pmatrix}$$

2.3.3. <u>Nicht-negative und positive Matrizen</u>

<u>Definition</u>:

Die Matrix A heißt <u>positiv</u>, wenn sie größer als die Nullmatrix
vom gleichen Typ ist.

1. Beispiel:

$$(1,0) > (0,0)$$

<u>Schreibweise</u>:

$$A > 0$$

<u>Definition</u>:

A heißt <u>nicht-negativ</u>, wenn A positiv oder gleich einer Nullmatrix ist.

<u>Schreibweise</u>:

$$A \gvertneqq 0$$

2. Beispiel:

$$\begin{pmatrix} 1 & 2 \\ 3 & 4 \end{pmatrix} \geqq \begin{pmatrix} 1 & 2 \\ 3 & 4 \end{pmatrix} \quad , \quad \begin{pmatrix} 1 & 2 \\ 3 & 4 \end{pmatrix} \geqq \begin{pmatrix} 0 & 2 \\ 3 & 4 \end{pmatrix}$$

<u>Aufgaben zu 2.3.3.</u>

(1) In welchem Bereich muß q liegen, wenn folgende Matrix positiv sein soll?

$$\begin{pmatrix} q^2+1 & q^2+2 & q^2+3 \\ q^2-1 & q^2-2 & q^2-3 \end{pmatrix}$$

(2) Sind die Einheitsmatrizen positiv?

$2.4.$ <u>**Addition, Subtraktion und skalare Multiplikation**</u>
<u>**von Matrizen**</u>

$2.4.1.$ <u>*Definition und Beispiele dieser drei Operationen*</u>

<u>*Definition:*</u>
Es seien A und B zwei Matrizen vom gleichen Typ. Die Matrix A+B erhält man, wenn man die Eintragungen in den entsprechenden Positionen von A und B addiert.

1. Beispiel:

$$\begin{pmatrix} 1 & 2 \\ 3 & 4 \end{pmatrix} + \begin{pmatrix} 0 & -1 \\ 2 & -4 \end{pmatrix} = \begin{pmatrix} 1 & 1 \\ 5 & 0 \end{pmatrix}$$

$$(1,2)+(-1,-2)=(0,0)$$

<u>*Definition:*</u>
Es seien A und B zwei Matrizen vom gleichen Typ. Die Matrix A−B erhält man, wenn man von den Eintragungen von A die Koeffizienten in den entsprechenden Positionen von B subtrahiert.

2. Beispiel:

$$\begin{pmatrix} 1 & 2 \\ 3 & 4 \end{pmatrix} - \begin{pmatrix} 1 & 2 \\ 3 & 4 \end{pmatrix} = \begin{pmatrix} 0 & 0 \\ 0 & 0 \end{pmatrix}$$

$$\begin{pmatrix} 1 \\ 0 \\ 3 \end{pmatrix} - \begin{pmatrix} 4 \\ 0 \\ 7 \end{pmatrix} = \begin{pmatrix} -3 \\ 0 \\ -4 \end{pmatrix}$$

<u>*Definition:*</u>
Es sei A eine beliebige Matrix und a eine reelle Zahl. Die Matrix a·A erhält man, wenn man alle Eintragungen von A mit a multipliziert.

3. Beispiel:

$$\begin{pmatrix} -\dfrac{5}{13} & \dfrac{7}{26} \\[2ex] \dfrac{1}{39} & \dfrac{4}{13} \end{pmatrix} = \frac{1}{13} \cdot \begin{pmatrix} -5 & \dfrac{7}{2} \\[2ex] \dfrac{1}{3} & 4 \end{pmatrix}$$

$$4 \cdot (1,0,0)=(4,0,0)$$

<u>**Aufgaben zu 2.4.1.**</u>

(1) Addieren Sie folgende Matrizen:

$$A = \begin{pmatrix} 1 & \frac{1}{2} & \frac{1}{4} \\ 1 & 2 & 2\frac{1}{2} \end{pmatrix} \qquad B = \begin{pmatrix} 0 & -1 \\ -2 & -3 \\ -4 & 0 \end{pmatrix}$$

(2) Multiplizieren Sie folgende Matrix mit 18!

$$A = \begin{pmatrix} 1 & \frac{1}{3} & \frac{1}{9} \\ -\frac{1}{6} & -\frac{1}{2} & 0 \end{pmatrix}$$

(3) Drei Produktionsbetriebe beliefern vier Abnehmer mit dem gleichen Erzeugnis. Die Jahreslieferungen sind in folgender Tabelle dargestellt:

Abnehmer

		1	2	3	4
	1	500	300	400	150
Betriebe	2	250	300	350	200
	3	250	300	450	250

Die Lieferungen der ersten Jahreshälfte zeigt die Tabelle:

Abnehmer

		1	2	3	4
	1	250	200	175	50
Betriebe	2	150	100	200	100
	3	100	225	150	125

Erfassen Sie diese Daten in Matrizenform und berechnen Sie die Lieferungen der zweiten Jahreshälfte!

(4) Berechnen Sie 2A+3B-C!

$$A = \begin{pmatrix} 1 & 2 & -\frac{1}{2} \\ 0 & -1 & 4 \end{pmatrix} , \quad B = \begin{pmatrix} -\frac{1}{3} & 1 & 3 \\ 2 & -1 & 0 \end{pmatrix} , \quad C = \begin{pmatrix} 1 & 7 & 8 \\ 6 & -5 & 8 \end{pmatrix}$$

2.4.2.   _Rechenregeln für Addition und skalare Multi-_
          plikation

Die in diesem Abschnitt betrachteten Matrizen A,B,C,O (=Null-
matrix) sind nach Voraussetzung vom gleichen Typ. Es gelten, wie
man sich leicht überzeugt, die folgenden Regeln:

(R1) Die Addition von Matrizen ist _kommutativ_:
$$A+B=B+A$$
(R2) Die Addition von Matrizen ist _assoziativ_:
$$(A+B)+C=A+(B+C)$$
(R3) Es existiert ein "_neutrales_ Element", nämlich die Null-
     matrix:
$$A+O=A$$
(R4) Es existiert ein "_inverses_ Element", nämlich $(-1)\cdot A$:
$$A+(-1)\cdot A=O$$

Die Regeln für die skalare Multiplikation sind ebenfalls leicht
zu verifizieren:

1. $(a\cdot b)\cdot A=a\cdot(b\cdot A)$

2. $a\cdot(A+B)=a\cdot A+a\cdot B$

3. $(a+b)\cdot A=a\cdot A+b\cdot A$

4. $1\cdot A=A$

Hierbei sind a und b reelle Zahlen.

Aufgaben zu 2.4.2.

(1) Es seien
$$A = \begin{pmatrix} 3 & 2 & 4 & 5 \\ 1 & 4 & 6 & 9 \\ -3 & 0 & 8 & 2 \end{pmatrix} \quad , \quad B = \begin{pmatrix} 1 & 0 & 0 & 1 \\ 0 & 1 & 1 & 0 \\ 1 & 0 & 0 & 1 \end{pmatrix}$$
und $\lambda=2$.

Verifizieren Sie die Regel $\lambda(A+B)=\lambda A+\lambda B$!

2.5. <u>**Multiplikation von Matrizen**</u>

2.5.1. <u>**Skalarprodukt von Vektoren**</u>

<u>**Definition:**</u>
Es seien ein Zeilenvektor x und ein Spaltenvektor g gegeben, die
gleichviel Eintragungen haben. Dann ist:

$$x \cdot g = (x_1, \ldots, x_n) \cdot \begin{pmatrix} g_1 \\ \vdots \\ g_n \end{pmatrix} := x_1 \cdot g_1 + x_2 \cdot g_2 + \ldots + x_n \cdot g_n$$

Beispiele:

1.
$$(1,2,3) \cdot \begin{pmatrix} 0 \\ 1 \\ -1 \end{pmatrix} = 1 \cdot 0 + 2 \cdot 1 + 3 \cdot (-1) = -1$$

2.
$$(1,2) \cdot \begin{pmatrix} -4 \\ 2 \end{pmatrix} = 0$$

3. Ein Betrieb stellt n Produkte her. Es bezeichne x_i die pro-
   duzierte Menge des i-ten Gutes und g_i den Reingewinn je Einheit, der gemacht wird (i=1,...,n). Wenn man die x_i (g_i) in
   einem Zeilenvektor (Spaltenvektor) zusammenfasst, so errech-
   net sich unter der Linearitätsannahme der Gesamtgewinn zu

$$(x_1, \ldots, x_n) \cdot \begin{pmatrix} g_1 \\ \vdots \\ g_n \end{pmatrix} = x_1 \cdot g_1 + \ldots + x_n \cdot g_n.$$

4. Die Multiplikation eines Vektors mit einem Einheitsvektor
   liefert eine Komponente:

$$(x_1, \ldots, x_n) \cdot \begin{pmatrix} 0 \\ \vdots \\ 1 \\ \vdots \\ 0 \end{pmatrix} = x_i,$$

wenn die 1 in der i-ten Zeile steht.

<u>**Aufgaben zu 2.5.1.**</u>

(1) Ein Betrieb stellt vier Erzeugnisse her, die pro Mengeneinheit einen Gewinn von 2,3,5 bzw. 10 Geldeinheiten abwerfen. Stellen Sie mit Hilfe eines Skalarproduktes den Gesamtgewinn in Abhängigkeit von der Erzeugnismenge dar!

(2) Bilden Sie das Skalarprodukt folgender Vektoren:

$$x=(1,2,3,4), \qquad y = \begin{pmatrix} -1 \\ 2 \\ 2 \\ -3 \end{pmatrix}$$

2.5.2. <u>Das Multiplikationsschema</u>

Es sei A eine Matrix vom Typ m×n und B eine Matrix vom Typ n×s.

<u>Definition:</u>

Die Matrix A·B ist eine Matrix vom Typ m×s, deren Koeffizienten c_{ij} (i=1,...,m und j=1,...,s) sich wie folgt errechnen:

c_{ij}=(i-te Zeile von A)·(j-te Spalte von B)

1.Beispiel

$$\begin{pmatrix} 1 & 2 \\ 3 & 4 \end{pmatrix} \cdot \begin{pmatrix} 0 & 1 \\ -1 & 2 \end{pmatrix} = \begin{pmatrix} -2 & 5 \\ -4 & 11 \end{pmatrix}$$

<u>Merke:</u>

A·B wird Produkt von A und B genannt. Man kann genau solche Matrizen A mit B multiplizieren, bei denen die Spaltenzahl von A gleich der Zeilenzahl von B ist. Die Matrizenmultiplikation führt man am besten in einem sogenannten *Falkschen Schema* aus:

$$\begin{array}{c|ccc|c} & \begin{matrix} b_{11} \cdots b_{1j} \cdots b_{1s} \\ \vdots \qquad \vdots \qquad \vdots \\ b_{n1} \cdots b_{nj} \cdots b_{ns} \end{matrix} & & = B \\ \hline A = \begin{matrix} a_{11} \cdots a_{1n} \\ \vdots \qquad \vdots \\ a_{i1} \cdots a_{in} \\ \vdots \qquad \vdots \\ a_{m1} \cdots a_{mn} \end{matrix} & \begin{matrix} c_{11} \cdots c_{1s} \\ \vdots \qquad\ c_{ij}\ \ \vdots \\ c_{m1} \cdots c_{ms} \end{matrix} & & = A \cdot B \end{array}$$

$$c_{ij}=a_{i1}\cdot b_{1j}+a_{i2}\cdot b_{2j}+\ldots+a_{in}\cdot b_{nj}$$

Die Eintragungen c_{ij} in der i-ten Zeile und j-ten Spalte von
A·B erhält man, wenn man im "Schnittpunkt" der i-ten Zeile von
A und j-ten Spalte von B das Skalarprodukt (i-te Zeile)·(j-te
Spalte) abträgt.

2. Beispiel

$$
\begin{array}{cc|cc}
 & & 1 & 2 \\
 & & 3 & 4 \\
\hline
0 & 1 & 3 & 4 \\
-1 & 2 & 5 & 6
\end{array}
\quad = B, \quad A\cdot B
$$

A =, = A·B

<u>Aufgaben zu 2.5.2.</u>

(1) Multiplizieren Sie folgende Matrizen mit Hilfe des Falkschen Schemas:

$$
A = \begin{pmatrix} 3 & 2 & 1 \\ 4 & 0 & 3 \\ 6 & 1 & 1 \\ 1 & 1 & 2 \end{pmatrix}
\qquad
B = \begin{pmatrix} 3 & 2 \\ 1 & 6 \\ 3 & 2 \end{pmatrix}
$$

(2) Multiplizieren Sie folgende Matrizen nach der Falkschen Me-
thode:

$$
A = \begin{pmatrix} 3 & -1 \\ -4 & 0 \\ 6 & -13 \end{pmatrix}
\qquad
B = \begin{pmatrix} -2 & 0 & 6 & -3 \\ 1 & -5 & 2 & 0 \end{pmatrix}
$$

(3) Multiplizieren Sie:

$$
(1,2)\cdot\begin{pmatrix} 3 \\ 4 \end{pmatrix}
\quad \text{und} \quad
\begin{pmatrix} 3 \\ 4 \end{pmatrix}\cdot(1,2)
$$

(4) Geben Sie zwei Matrizen A und B an, so daß A·B existiert,
aber B·A nicht möglich ist!

(5) Multiplizieren Sie:

$$
(1,2)\cdot\begin{pmatrix} 1 & 2 \\ -1 & 0 \end{pmatrix}
$$

2.5.3.   _Rechenregeln für die Matrizenmultiplikation_

1. Die Matrizenmultiplikation ist _nicht kommutativ_:
   Man vergleiche die Ergebnisse des 1. und 2. Beispiels in 2.5.2.

2. Die Matrizenmultiplikation ist _assoziativ_:
$$A \cdot (B \cdot C) = (A \cdot B) \cdot C$$
   Hierbei seien A,B und C Matrizen, so daß die ausgeführten
   Multiplikationen möglich sind.

3. Es sei A eine Matrix vom Typ (mxn) und $E_m (E_n)$ die Einheitsmatrix mit m(n) Zeilen. Dann gilt:
$$E_m \cdot A = A$$
$$A \cdot E_n = A$$
   Es existieren also _neutrale_ Elemente.

4. Es gilt das _Distributivgesetz_:
$$A \cdot (B+C) = A \cdot B + A \cdot C$$
   Hierbei seien A,B und C Matrizen, so daß die ausgeführten
   Operationen möglich sind.

Bemerkung:

In 2.7. wird das Problem der _Inversion_ einer Matrix diskutiert:
Es sei A eine quadratische Matrix und E die Einheitsmatrix vom
gleichen Typ wie A. Gibt es eine Matrix, die mit A^{-1} bezeichnet
wird und Inverse von A genannt wird, so daß $A \cdot A^{-1} = E$?

Aufgaben zu 2.5.3.

(1) Gegeben seien die folgenden Matrizen:
$$A = \begin{pmatrix} \alpha & \beta & \gamma \\ \delta & \varepsilon & \delta \\ \gamma & \beta & \alpha \end{pmatrix} \qquad B = \begin{pmatrix} 0 & 0 & 1 \\ 0 & 1 & 0 \\ 1 & 0 & 0 \end{pmatrix}$$
   Bilden Sie AB und BA und vergleichen Sie!

(2) Es sei $A = \begin{pmatrix} 0 & 1 \\ -2 & 3 \end{pmatrix} \qquad B = \begin{pmatrix} 2 & 4 \\ 1 & -5 \end{pmatrix}$
   Bilden Sie A+B, $(A+B)^2$, AB und BA!
   Kontrollieren Sie, ob die Formel $(a+b)^2 = a^2 + 2ab + b^2$ auch für
   diese Matrizen gilt!

(3) Beweisen Sie das Assoziativgesetz (AB)C=A(BC)!

(4) Finden Sie alle Matrizen $\begin{pmatrix} a & b \\ c & d \end{pmatrix}$ *, die mit* $\begin{pmatrix} 1 & 1 \\ 0 & 1 \end{pmatrix}$ *kommutieren!*

(5) Es sei $\quad A = \begin{pmatrix} 2 & 3 \\ -1 & 0 \end{pmatrix} \qquad B = \begin{pmatrix} 1 & -2 \\ 1 & 2 \end{pmatrix} \qquad C = \begin{pmatrix} -2 & 0 \\ 3 & -1 \end{pmatrix}$

Weisen Sie für diesen Fall die Regel A(B+C)=AB+AC nach!

2.6. Anwendungen der Matrizenmultiplikation

2.6.1. Gleichungssysteme in Matrizenschreibweise

Es sei ein Gleichungssystem mit m Gleichungen und n Unbekannten gegeben:

$$a_{11}x_1 + a_{12}x_2 + \ldots + a_{1n}x_n = b_1$$
$$a_{21}x_1 + \ldots \ldots \ldots + a_{2n}x_n = b_2$$
$$\vdots \qquad\qquad \vdots \qquad \vdots$$
$$a_{m1}x_1 + \qquad\quad + a_{mn}x_n = b_m$$

Es sei A die Koeffizientenmatrix, x der Spaltenvektor, der aus den n Variablen besteht und b die "rechte Seite".

$$A = \begin{pmatrix} a_{11} \cdots a_{1n} \\ \cdot \qquad \cdot \\ \cdot \qquad \cdot \\ \cdot \qquad \cdot \\ a_{m1} \cdots a_{mn} \end{pmatrix} \qquad x = \begin{pmatrix} x_1 \\ x_2 \\ \cdot \\ \cdot \\ x_n \end{pmatrix} \qquad b = \begin{pmatrix} b_1 \\ \cdot \\ \cdot \\ \cdot \\ b_m \end{pmatrix}$$

Dann läßt sich das obige Gleichungssystem auch in der folgenden Form schreiben: $A \cdot x = b$

(1) Schreiben Sie folgende Gleichungen in Matrizenform:

     1. $x \ +y \ -z=0$ 2. $4x-5y \ +z= \ 1$

        $2x+4y-2z=0$ $x+3y-2z= \ 4$

        $3x+2y+2z=0$ $-x+2y+3z=-3$

     3. $x-2y \ +z \ +t=0$ 4. $x-y+2z=10$

       $2x \ +y-3z-3t=5$ $y \ +z=10$

     $-3x+5y+2z \ +t=2$ $2z=10$

(2) Es sei Ax=0 ein lineares, homogenes Gleichungssystem. Dabei
ist A die Koeffizientenmatrix und x der Lösungsvektor. Zeigen
Sie, daß die Summe zweier Lösungen wieder eine Lösung ist.

(3) Gegeben seien die Gleichungssysteme

    _I._ $x_1+3x_2=4$ _und_   _II._ $2y_1 \ -y_2=1$

        $2x_1 \ -x_2=1$ $5y_1-3y_2=1$

    1. _Schreiben Sie die Gleichungssysteme in Matrizenform Ax=b,_
       _By=c!_

    2. _Zeigen Sie, daß die Systeme regulär sind!_
       Die Lösungsvektoren seien mit $\bar{x}$ bzw. $\bar{y}$ bezeichnet.

    3. _Zeigen Sie, daß sich der Lösungsvektor $\bar{x}$ als $B\bar{y}$ darstellen_
       läßt. ($\bar{x}=B\bar{y}$)!

    4. _Zeigen Sie, daß $\bar{y}$ Lösung des Systems (AB)y=b ist!_

_2.6.2._   _Materialverflechtung_

Als erstes ökonomisches Beispiel für die Zweckmäßigkeit der
Matrizenschreibweise und der Matrizenmultiplikation wird die
folgende Aufgabe gelöst:
Eine Betriebswirtschaft fertigt in der Produktionsstelle A aus
4 Rohstoffen 2 Zwischenprodukte. In eine ME(=Mengeneinheit) des
1. Zwischenproduktes (2. Zwischenproduktes) gehen folgende Roh-
stoffe ein: 5 ME(4ME) vom 1. Rohstoff, 2 ME ($\frac{1}{2}$ ME) vom 2. Roh-
stoff, $\frac{1}{3}$ ME (2 ME) von 3. Rohstoff und 6 ME ($\frac{1}{2}$ ME) vom 4. Roh-
stoff. Die Produktionsstelle B fertigt aus diesen Zwischenpro-
dukten drei Endprodukte. Die für eine ME der Endprodukte E_1,
_E_2 und E_3 benötigten Zwischenprodukte Z_1 und Z_2 entnehme man_
aus der folgenden Tabelle:

	E_1	E_2	E_3
Z_1	0	$\frac{1}{2}$	1
Z_2	2	0	$\frac{1}{3}$

a) Berechnen Sie die Matrix, die angibt, wieviele ME an Rohstoffen zur Erstellung einer ME der Endprodukte benötigt werden!

b) Die Betriebswirtschaft soll folgende Mengeneinheiten an Endprodukten erstellen: 40 ME vom 1. Endprodukt, 20 ME vom 2. Endprodukt und 90 ME vom 3. Endprodukt. Wieviel ME an Zwischenprodukten muß Produktionsstelle A an Produktionsstelle B liefern, damit B der Produktionsforderung nachkommen kann? Wieviel ME an Rohstoffen braucht A dazu?

c) Die Betriebswirtschaft verkauft 1 ME vom 1. Endprodukt zum Preis von 10 GE (=Geldeinheiten), das 2. bzw. 3. Endprodukt zum Preis von 20 bzw. 5 GE. Die vier Rohprodukte kosten der Reihe nach $\frac{1}{10}$, $\frac{1}{15}$, $\frac{3}{10}$ und $\frac{1}{5}$ GE je Einheit. Wie groß sind die Kosten, der Ertrag und der Gewinn (nur unter Berücksichtigung der Materialkosten)?

a) Die folgende Matrix gibt den Rohstoffverbrauch für eine ME der Zwischenprodukte wieder:

	Z_1	Z_2
R_1	5	4
R_2	2	$\frac{1}{2}$
R_3	$\frac{1}{3}$	2
R_4	6	$\frac{1}{2}$

$=A$

	E_1	E_2	E_3
Z_1	0	$\frac{1}{2}$	1
Z_2	2	0	$\frac{1}{3}$

$=B$

	E_1	E_2	E_3
R_1	8	$\frac{5}{2}$	$\frac{19}{3}$
R_2	1	1	$\frac{13}{6}$
R_3	4	$\frac{1}{6}$	1
R_4	1	3	$\frac{37}{6}$

$=A \cdot B$

b) *"Produktionsvektor"*: $\begin{pmatrix} 40 \\ 20 \\ 90 \end{pmatrix}$

$$(A \cdot B) \cdot \begin{pmatrix} 40 \\ 20 \\ 90 \end{pmatrix} = \begin{pmatrix} 940 \\ 255 \\ 253\frac{1}{3} \\ 655 \end{pmatrix} \qquad \text{Rohstoffverbrauchsvektor}$$

Die i-te (i=1,2,3,4) Komponente dieses Vektors gibt den Verbrauch des i-ten Rohstoffs an.

$$B \cdot \begin{pmatrix} 40 \\ 20 \\ 90 \end{pmatrix} = \begin{pmatrix} 100 \\ 110 \end{pmatrix} \qquad \text{Dieser Vektor gibt den Verbrauch an Zwi-}$$

schenprodukten an.

c)

$$Kosten = (\frac{1}{10}, \frac{1}{15}, \frac{3}{10}, \frac{1}{5}) \cdot \begin{pmatrix} 940 \\ 255 \\ 253\frac{1}{3} \\ 655 \end{pmatrix} = 318 \ GE$$

$$Ertrag = (10, 20, 5) \cdot \begin{pmatrix} 40 \\ 20 \\ 90 \end{pmatrix} = 1250 \ GE$$

Gewinn=Ertrag-Kosten=932 GE

<u>**Aufgaben zu 2.6.2.**</u>

(1) *Für die Herstellung von drei Erzeugnissen werden drei verschiedene Materialien benötigt. Der Materialbedarf je Erzeugniseinheit ist der folgenden Tabelle zu entnehmen.*

Erzeugnisse

		P_1	P_2	P_3
	R_1	1	3	2
Materialien	R_2	2	1	4
	R_3	2	2	1

Von den Erzeugnissen sind jeweils 50 Einheiten herzustellen. Berechnen Sie den Vektor des Materialbedarfs!

(2) *Ein Betrieb fertigt aus Einzelteilen Baugruppen und aus diesen Baugruppen Enderzeugnisse. Die folgende Matrix zeigt, wieviel Einzelteile jeweils in eine Baugruppe eingehen.*

45

Baugruppen

		1	2	3
	1	3	2	0
Einzelteile	2	1	5	2
	3	0	4	1
	4	3	2	4

Die nächste Tabelle zeigt, wieviel Baugruppen jeweils in ein Enderzeugnis eingehen.

Enderzeugnisse

		1	2
	1	4	5
Baugruppen	2	3	1
	3	0	2

Berechnen Sie mit Hilfe der Matrizenmultiplikation, wieviel Einzelteile jeweils in ein Enderzeugnis eingehen!

(3) Ein Betrieb stellt aus vier Rohstoffen zwei Zwischenprodukte her, die dann zu vier Endprodukten verarbeitet werden. Der Materialverbrauch ist durch die folgenden Tabellen gegeben:

Zwischenprodukte

		Z_1	Z_2
	R_1	2	1
Rohstoffe	R_2	3	2
	R_3	4	3
	R_4	4	2

Endprodukte

		E_1	E_2	E_3	E_4
Zwischenprodukte	Z_1	1	4	2	5
	Z_2	3	2	3	2

a) Stellen Sie die Gesamtmaterialverbrauchsmatrix auf!

b) Wie groß ist der Rohstoffbedarf, wenn der Betrieb 100 Einheiten E_1, 100 E_2, 50 E_3 und 50 E_4 herstellen soll?

(4) Ein Betrieb stellt aus drei Materialien zwei Zwischenprodukte her. Aus diesen Zwischenprodukten werden weitere drei Zwischenprodukte hergestellt, die dann zur Herstellung von zwei Endprodukten benutzt werden. Der Materialverbrauch ist folgenden Tabellen zu entnehmen:

	Z_1	Z_2
M_1	2	1
M_2	1	3
M_3	2	2

	Z'_1	Z'_2	Z'_3
Z_1	10	20	30
Z_2	10	30	40

	E_1	E_2
Z'_1	1	2
Z'_2	2	3
Z'_3	1	1

Stellen Sie die Gesamtverbrauchsmatrix auf!

2.7.   Matrizeninversion

2.7.1.   Definition und Beispiele der Inversion einer Matrix

Wir greifen das in der Bemerkung von 2.5.3. formulierte Problem auf.

1. Beispiel:

Die quadratische Nullmatrix O ist nicht invertierbar, denn für jede Matrix A vom gleichen Typ gilt $A \cdot O = O$.

2. Beispiel:

Es seien $A = \begin{pmatrix} 1 & 1 \\ O & O \end{pmatrix}$ und $B = \begin{pmatrix} a & b \\ c & d \end{pmatrix}$

Dann ist $A \cdot B = \begin{pmatrix} a+c & b+d \\ O & O \end{pmatrix}$

Man kann also für a,b,c und d Zahlen einsetzen wie man will, man erhält in keinem Fall die Einheitsmatrix.

<u>Merke:</u> Eine quadratische Matrix A braucht keine Inverse zu besitzen. Falls jedoch eine Matrix A^{-1} existiert, so daß $A \cdot A^{-1} = E$, so ist A^{-1} eindeutig bestimmt und A kommutiert mit A^{-1}: $A \cdot A^{-1} = A^{-1} \cdot A = E$.

3. Beispiel:

$$A = \begin{array}{cc|cc} & & -2 & 1 \\ & & \dfrac{3}{2} & -\dfrac{1}{2} \\ \hline 1 & 2 & 1 & O \\ 3 & 4 & O & 1 \end{array} \begin{array}{l} = A^{-1} \\[2ex] \\ = A \cdot A^{-1} = E \end{array}$$

<u>**Aufgaben zu 2.7.1.**</u>

(1) *Zeigen Sie, daß folgende Matrizen invers zueinander sind:*

$$A = \begin{pmatrix} 1 & 0 & -2 \\ 0 & 1 & 0 \\ -1 & 1 & 0 \end{pmatrix}, \qquad B = \begin{pmatrix} 0 & 1 & -1 \\ 0 & 1 & 0 \\ -\frac{1}{2} & \frac{1}{2} & -\frac{1}{2} \end{pmatrix},$$

d.h. daß AB=BA=E ist.

(2) *Es seien* $A = \begin{pmatrix} 1 & 1 \\ -1 & 0 \end{pmatrix}$ *und* $B = \begin{pmatrix} 0 & -2 \\ 1 & 2 \end{pmatrix}$

Zeigen Sie, daß $A^{-1} = \begin{pmatrix} 0 & -1 \\ 1 & 1 \end{pmatrix}$ *und* $B^{-1} = \begin{pmatrix} 1 & 1 \\ -\frac{1}{2} & 0 \end{pmatrix}$ *ist,*

und weisen Sie an diesem Beispiel die folgende Regel nach:
$(AB)^{-1} = B^{-1} A^{-1}$

(3) *Sind die folgenden Matrizen invers zueinander?*

$$A = \begin{pmatrix} 1 & -2 & -1 \\ 1 & 1 & 1 \\ 2 & 1 & 1 \end{pmatrix} \qquad B = \begin{pmatrix} 0 & -1 & 1 \\ -1 & -3 & 2 \\ 1 & 5 & -4 \end{pmatrix}$$

(4) *Es sei* A^{-1} *die Inverse der Matrix A. Ist* A^{-1} *invertierbar?*

2.7.2.   <u>**Gaußscher Algorithmus für die Matrizeninversion**</u>

Es sei A eine quadratische Matrix. Um die Frage nach der Existenz und Bestimmung von A^{-1} **zu beantworten, wendet man eine Variante des Gaußschen Algorithmus an. Zunächst bildet man eine sogenannte** <u>**Blockmatrix**</u>**, indem man A und die Einheitsmatrix E vom gleichen Typ zu einer neuen Matrix zusammensetzt:**

$$(A \mid E)$$

1. Beispiel:

$$A = \begin{pmatrix} \frac{1}{2} & 0 \\ 4 & -1 \end{pmatrix} \qquad \text{ergibt} \qquad \left(\begin{array}{cc|cc} \frac{1}{2} & 0 & 1 & 0 \\ 4 & -1 & 0 & 1 \end{array} \right).$$

Man rechnet jetzt mit dem folgenden Flußdiagramm:

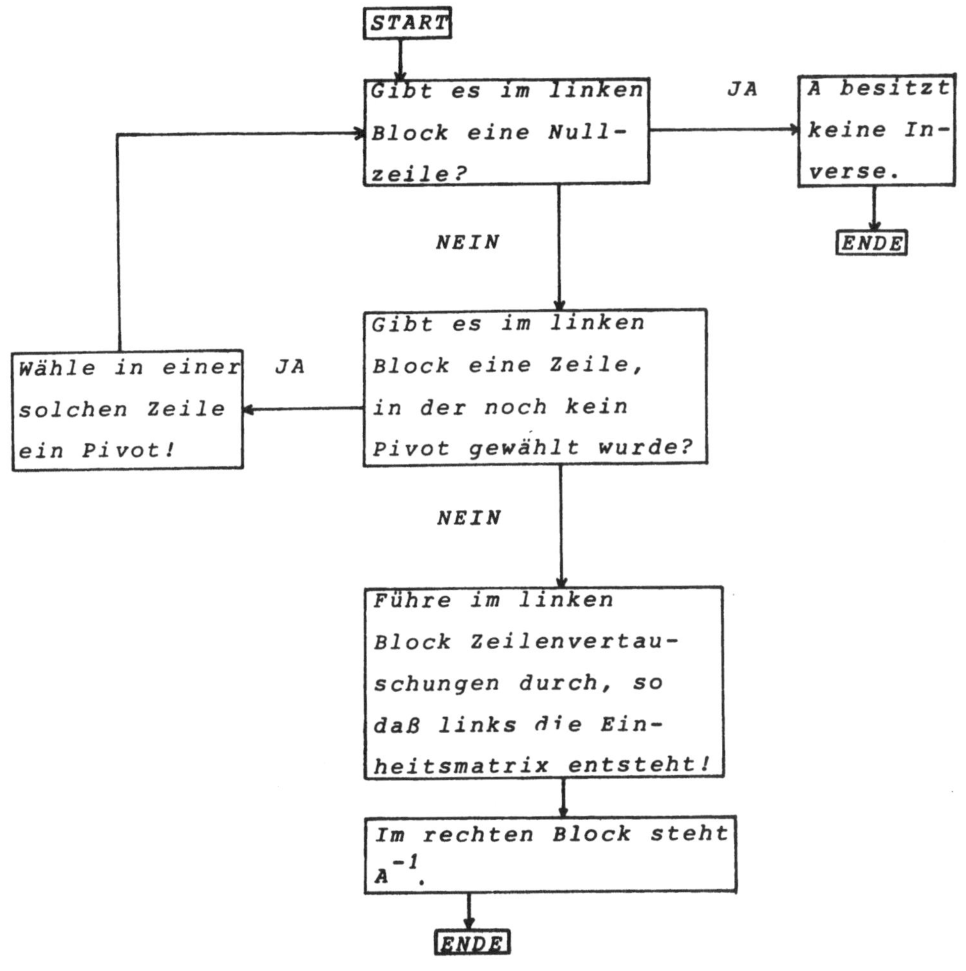

Die elementaren Zeilenumformungen, die beim Pivotisieren vorgenommen werden, erstrecken sich auf die gesamte Blockmatrix
und nicht nur auf den linken Teil.

2. Beispiel:

$$A = \begin{pmatrix} 2 & 1 \\ 3 & 4 \end{pmatrix}$$

$$\left(\begin{array}{cc|cc} 2 & \boxed{1} & 1 & 0 \\ 3 & 4 & 0 & 1 \end{array}\right) \rightarrow \left(\begin{array}{cc|cc} 2 & 1 & 1 & 0 \\ \boxed{-5} & 0 & -4 & 1 \end{array}\right) \rightarrow \left(\begin{array}{cc|cc} 0 & 1 & -\frac{3}{5} & \frac{2}{5} \\ 1 & 0 & \frac{4}{5} & -\frac{1}{5} \end{array}\right) \rightarrow$$

$$\left(\begin{array}{cc|cc} 1 & 0 & \frac{4}{5} & -\frac{1}{5} \\ 0 & 1 & -\frac{3}{5} & \frac{2}{5} \end{array}\right) \rightarrow A^{-1} = \begin{pmatrix} \frac{4}{5} & -\frac{1}{5} \\ -\frac{3}{5} & \frac{2}{5} \end{pmatrix}$$

3. Beispiel:

$$A = \begin{pmatrix} 1 & 2 & 3 \\ 2 & 4 & 6 \\ 2 & 1 & 0 \end{pmatrix}. \quad \left(\begin{array}{ccc|ccc} \boxed{1} & 2 & 3 & 1 & 0 & 0 \\ 2 & 4 & 6 & 0 & 1 & 0 \\ 2 & 1 & 0 & 0 & 0 & 1 \end{array}\right) \rightarrow \left(\begin{array}{ccc|ccc} 1 & 2 & 3 & 1 & 0 & 0 \\ 0 & 0 & 0 & -2 & 1 & 0 \\ 0 & -1 & -6 & -2 & 0 & 1 \end{array}\right)$$

In der linken Matrix steht eine Nullzeile. Die Matrix A ist daher nicht invertierbar.

Aufgaben zu 2.7.2.

(1) Invertieren Sie die folgende Matrix: $\begin{pmatrix} 2 & 0 & 3 \\ 0 & 2 & 0 \\ 0 & 4 & 6 \end{pmatrix}$

(2) Invertieren Sie die folgende Matrix: $\begin{pmatrix} 3 & 2 \\ 7 & 5 \end{pmatrix}$

(3) Jemand berechnet die Inverse der in (2) angegebenen Matrix auf die nachfolgende Weise. Vergleichen Sie diesen Lösungsweg mit dem in der Lösung von Aufgabe (2) gegebenen Rechengang!

$$\text{Spalten von } A$$

Einheitsvektoren	a_1	a_2
e_1	$\boxed{3}$	2
e_2	7	5

Zunächst tauschen wir a_1 *gegen* e_1:

	e_1	a_2
a_1	$\frac{1}{3}$	$\frac{2}{3}$
e_2	$-\frac{7}{3}$	$5-\frac{2}{3}\cdot 7$

$$=$$

	e_1	a_2
a_1	$\frac{1}{3}$	$\frac{2}{3}$
e_2	$-\frac{7}{3}$	$\boxed{\frac{1}{3}}$

Jetzt a_2 *gegen* e_2 *tauschen:*

	e_1	e_2
a_1	$\frac{1}{3}-(-7)\frac{2}{3}$	-2
a_2	-7	3

$$=$$

	e_1	e_2
a_1	5	-2
a_2	-7	3

$$\delta = -7$$

Die Inverse der Matrix A ist $A^{-1} = \begin{pmatrix} 5 & -2 \\ -7 & 3 \end{pmatrix}$.

(4) Invertieren Sie die folgende Matrix in Analogie zu dem in Aufgabe (3) beschriebenen Verfahren: $\begin{pmatrix} 1 & -2 & -1 \\ 1 & 1 & 1 \\ 2 & 1 & 1 \end{pmatrix}$

Es sei ein Gleichungssystem gegeben, dessen Koeffizientenmatrix invertierbar ist:

$$Ax=b$$

Diese Gleichung wird von links mit A^{-1} multipliziert:

$$A^{-1}(Ax)=A^{-1}b$$

Auf Grund des Assoziativgesetzes gilt:

$$A^{-1}b=A^{-1}(Ax)=(A^{-1}A)x=Ex=x$$

Hierbei bezeichnet E die Einheitsmatrix vom gleichen Typ wie A.

Beispiel:

$$
\begin{array}{rl}
2x_1\quad\ +3x_3=-1 \\
2x_2\qquad\ = 4 \\
4x_2+6x_3= 5
\end{array}
\qquad
\begin{pmatrix} 2 & 0 & 3 \\ 0 & 2 & 0 \\ 0 & 4 & 6 \end{pmatrix}
\cdot
\begin{pmatrix} x_1 \\ x_2 \\ x_3 \end{pmatrix}
=
\begin{pmatrix} -1 \\ 4 \\ 5 \end{pmatrix}
$$

$$
\begin{pmatrix} 2 & 0 & 3 \\ 0 & 2 & 0 \\ 0 & 4 & 6 \end{pmatrix}^{-1}
= \frac{1}{2} \cdot
\begin{pmatrix} 1 & 1 & -\frac{1}{2} \\ 0 & 1 & 0 \\ 0 & -\frac{2}{3} & \frac{1}{3} \end{pmatrix}
\qquad \text{Siehe Aufgabe (1) von 2.7.2!}
$$

$$
\begin{pmatrix} x_1 \\ x_2 \\ x_3 \end{pmatrix}
= \frac{1}{2} \cdot
\begin{pmatrix} 1 & 1 & -\frac{1}{2} \\ 0 & 1 & 0 \\ 0 & -\frac{2}{3} & \frac{1}{3} \end{pmatrix}
\cdot
\begin{pmatrix} -1 \\ 4 \\ 5 \end{pmatrix}
= \frac{1}{2} \cdot
\begin{pmatrix} \frac{1}{2} \\ 4 \\ -1 \end{pmatrix}
$$

Aufgaben zu 2.7.3.

(1) Bringen Sie das folgende lineare Gleichungssystem in Matrizenform und lösen Sie es mit Hilfe der Matrizeninversion:

$$
\begin{array}{l}
2x\ +y\ -z=1 \\
\quad\ 2y\ +z=2 \\
5x+2y-3z=3
\end{array}
$$

(2) Lösen Sie das folgende lineare homogene Gleichungssystem mit Hilfe der Inversen der Koeffizientenmatrix:

$$
\begin{array}{l}
-x_1+2x_2-3x_3=0 \\
2x_1\ +x_2\qquad =0 \\
4x_1-2x_2+5x_3=0
\end{array}
$$

2.8. Determinanten

2.8.1. Definition der Determinante

Definition:

Es sei A eine nxn-Matrix (n>1). A_{ij} ist diejenige (n-1)x(n-1)-Matrix, die man durch Streichen der i-ten Zeile und der j-ten Spalte aus A erhält.

1. Beispiel:

$$A = \begin{pmatrix} 1 & 2 & 3 \\ 4 & 5 & 6 \\ 7 & 8 & 9 \end{pmatrix} \qquad A_{11} = \begin{pmatrix} 5 & 6 \\ 8 & 9 \end{pmatrix} \qquad A_{22} = \begin{pmatrix} 1 & 3 \\ 7 & 9 \end{pmatrix}$$

2. Beispiel:

$$A = \begin{pmatrix} a_{11} & a_{12} \\ a_{21} & a_{22} \end{pmatrix} \qquad A_{11} = (a_{22}) \qquad A_{21} = (a_{12})$$

Definition:

Es sei A=(a); dann ist die __Determinante__ *det A von A gleich a.*

Es sei jetzt A eine nxn-Matrix mit n>1:

$$A = \begin{pmatrix} a_{11} \cdots a_{1n} \\ \cdot \qquad \cdot \\ \cdot \qquad \cdot \\ \cdot \qquad \cdot \\ a_{n1} \cdots a_{nn} \end{pmatrix}$$

Man definiert dann:

$$\det A = a_{11}\det A_{11} - a_{21}\det A_{21} + a_{31}\det A_{31} - \ldots (-1)^{n+1} a_{n1}\det A_{n1}.$$

Schreibweise:

$$\det A = |A|$$

2. Beispiel:

$$\begin{vmatrix} a_{11} & a_{12} \\ a_{21} & a_{22} \end{vmatrix} = a_{11}\det(a_{22}) - a_{21}\det(a_{12}) = a_{11}a_{22} - a_{21}a_{12}$$

<u>Bemerkung</u>:

1. *Die Definition der Determinante wird nicht so vorgenommen,
daß dieser Begriff durch sich selbst definiert wird. Man beachte, daß die Determinante einer (nxn)-Matrix durch die Determinante einer (n-1)x(n-1)-Matrix erklärt wird. Diese
wiederum kann auf die Determinante einer (n-2)x(n-2)-Matrix
zurückgeführt werden. Fährt man so fort, so erhält man zum
Schluß die Determinnte einer (1x1)-Matrix, die wohldefiniert
ist.*

2. *Die hier gewählte Definition für die Determinante wird in der
mathematischen Literatur als <u>Laplacescher Zerlegungssatz</u> geführt. Ganz allgemein gilt:*

$$\det A = \sum_{i=1}^{n} (-1)^{i+j} a_{ij} \det A_{ij} \qquad (j \text{ beliebig, aber fest})$$

*Man sagt, daß det A nach der j-ten Spalte entwickelt wurde.
Wählt man dagegen i beliebig aber fest, und summiert man über
den Index j, so entwickelt man die Determinantennach der i-
ten Zeile.*

4. *Beispiel:*

*Wir berechnen die Determinante einer 3x3-Matrix durch Ent-
wickeln nach der 2-ten Spalte:*

$$\begin{vmatrix} a_{11} & a_{12} & a_{13} \\ a_{21} & a_{22} & a_{23} \\ a_{31} & a_{32} & a_{33} \end{vmatrix} = (-1)^{1+2} a_{12} \det A_{12} + (-1)^{2+2} a_{22} \det A_{22} +$$

$$+ (-1)^{3+2} a_{32} \det A_{32}$$

$$= -a_{12}(a_{21}a_{33} - a_{23}a_{31}) + a_{22}(a_{11}a_{33} - a_{13}a_{31})$$

$$- a_{32}(a_{11}a_{23} - a_{13}a_{21})$$

$$= -a_{12}a_{21}a_{33} + a_{12}a_{23}a_{31} + a_{11}a_{22}a_{33} - a_{13}a_{22}a_{31}$$

$$- a_{11}a_{23}a_{32} + a_{13}a_{21}a_{32}$$

*Diese Gleichung bezeichnet man als <u>Sarrus-Regel</u>, die man sich
wie folgt verdeutlicht:*

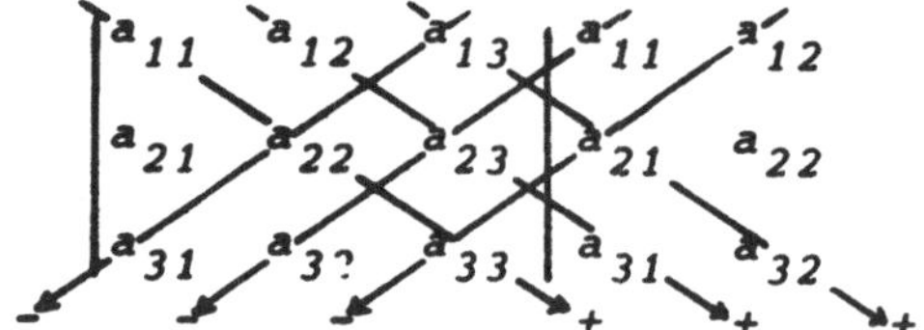

*Die "aufgespießten" Koeffizienten werden multipliziert, mit dem
jeweiligen Vorzeichen versehen und aufaddiert.*

<u>*Definitionen*</u>

1. *Streicht man in einer quadratischen Matrix gleichviel Zeilen
   und Spalten, so erhält man eine Matrix, deren Determinante
   <u>Minore</u> genannt wird.*

2. *Eine <u>Hauptminore</u> ist eine Minore, die durch Streichen der
   gleichen Zeilen und Spalten entsteht.*

3. *Eine <u>führende</u> <u>Hauptminore</u> erhält man, wenn man in einer
   nxn-Matrix die letzten k Zeilen und Spalten streicht $(n > k \geq 0)$.*

4. *Der <u>Kofaktor</u> des Koeffizienten a_{ij} ist $(-1)^{i+j} \det A_{ij}$.*

5. *Beispiel:*

$$A = \begin{pmatrix} 1 & 2 & 3 \\ 4 & 5 & 6 \\ 7 & 8 & 9 \end{pmatrix}$$

   Die führenden Hauptminoren sind:

$$\begin{vmatrix} 1 & 2 & 3 \\ 4 & 5 & 6 \\ 7 & 8 & 9 \end{vmatrix}, \quad \begin{vmatrix} 1 & 2 \\ 4 & 5 \end{vmatrix}, \quad |1|$$

   Hauptminoren sind beispielsweise:

$$\begin{vmatrix} 5 & 6 \\ 8 & 9 \end{vmatrix}, \quad |5|, \quad \begin{vmatrix} 1 & 3 \\ 7 & 9 \end{vmatrix}$$

   Minoren sind beispielsweise:

$$\begin{vmatrix} 4 & 5 \\ 7 & 8 \end{vmatrix}, \quad \begin{vmatrix} 1 & 3 \\ 4 & 6 \end{vmatrix}$$

   Der Kofaktor von 5 ist:

$$(-1)^{2+2} \cdot \begin{vmatrix} 1 & 3 \\ 7 & 9 \end{vmatrix} = -12$$

6. Beispiel:

Die Determinante der Einheitsmatrix ist stets 1. Man macht sich diesen Sachverhalt mit Hilfe des Entwicklungssatzes leicht klar.

<u>*Aufgaben zu 2.8.1.*</u>

(1)   Berechnen Sie die Determinante $\begin{vmatrix} a_{11} & a_{12} \\ a_{21} & a_{22} \end{vmatrix}$ mit Hilfe

des Laplaceschen Zerlegungssatzes durch Entwickeln nach der ersten Zeile!

(2)   Berechnen Sie für die Matrix $A = \begin{pmatrix} 2 & -1 & 1 \\ 0 & 5 & 3 \\ -2 & 1 & 4 \end{pmatrix}$

die Minoren der Elemente der ersten Zeile, d.h.
$|A_{11}|, |A_{12}|, |A_{13}|$!
Berechnen Sie dann det A mit Hilfe dieser Minoren!

(3)   Berechnen Sie für die Matrix $A = \begin{pmatrix} 1 & 2 & -3 \\ -4 & 3 & 0 \\ 5 & 2 & -1 \end{pmatrix}$

die Kofaktoren der Elemente der mittleren Zeile!
Berechnen Sie dann det A mit Hilfe dieser Kofaktoren!

(4)   Beweisen Sie, daß det E = 1 für die Einheitsmatrix der Ordnung n !

(5)   Berechnen Sie für die Matrix

$$A = \begin{pmatrix} 4 & 0 & 2 & 1 \\ 1 & 2 & -2 & 3 \\ 3 & -1 & 5 & 0 \\ 1 & 7 & 2 & -3 \end{pmatrix}$$

die Minoren der Koeffizienten 5 und 7 mit Hilfe der Sarrusregel !

Folgende Regeln gelten:

1. *Der Wert einer Determinanten ändert sich nicht, wenn man das Vielfache einer Zeile (Spalte) zu einer anderen Zeile (Spalte) addiert.*

2. *Multipliziert man eine Zeile (Spalte) mit einem Faktor, so ändert sich auch die Determinante um diesen Faktor.*

3. *Vertauscht man zwei benachbarte Zeilen (Spalten), so ändert die Determinante das Vorzeichen.*

Berücksichtigt man diese Regeln, so kann die Determinante einer Matrix mittels des folgenden Flußdiagramms berechnet werden:

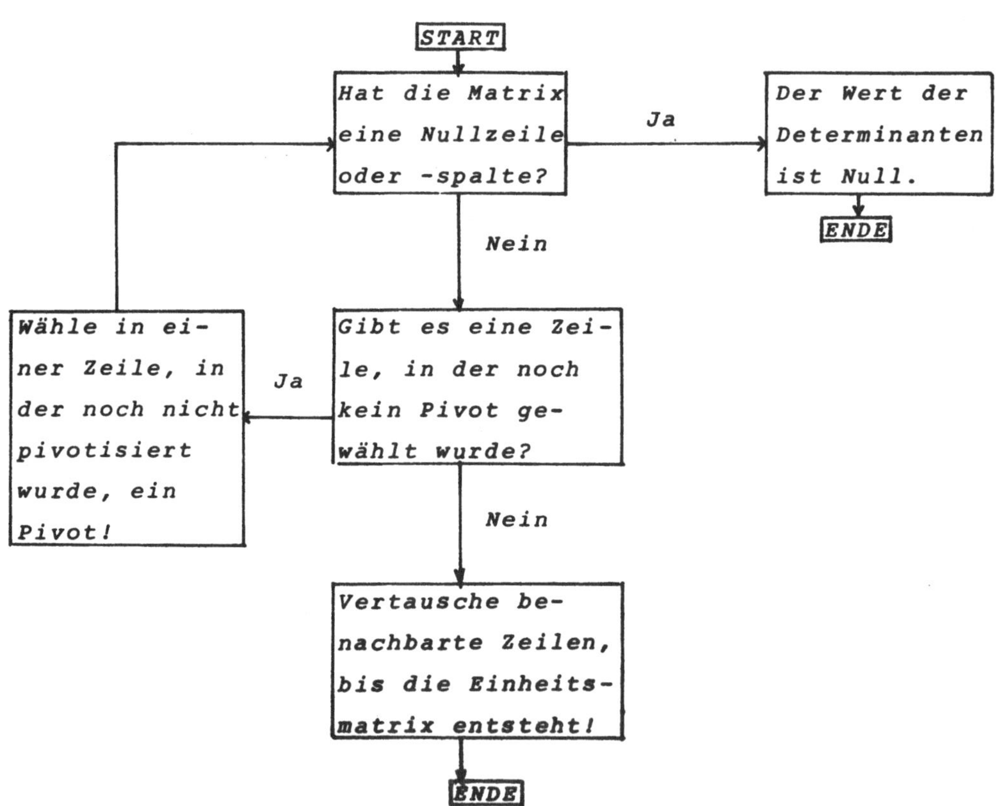

1. *Beispiel:*

$$
\begin{vmatrix} -1 & 3 & 0 & 2 \\ 2 & 0 & 0 & 2 \\ 2 & -6 & -3 & 2 \\ -3 & 9 & \boxed{1} & 6 \end{vmatrix}
=
\begin{vmatrix} \boxed{-1} & 3 & 0 & 2 \\ 2 & 0 & 0 & 2 \\ -7 & 21 & 0 & 20 \\ -3 & 9 & 1 & 6 \end{vmatrix}
= -
\begin{vmatrix} 1 & -3 & 0 & -2 \\ 0 & 6 & 0 & 6 \\ 0 & 0 & 0 & \boxed{6} \\ 0 & 0 & 1 & 0 \end{vmatrix}
=
$$

$$
-6
\begin{vmatrix} 1 & -3 & 0 & 0 \\ 0 & 6 & 0 & 0 \\ 0 & 0 & 0 & 1 \\ 0 & 0 & 1 & 0 \end{vmatrix}
= -36
\begin{vmatrix} 1 & 0 & 0 & 0 \\ 0 & 1 & 0 & 0 \\ 0 & 0 & 0 & 1 \\ 0 & 0 & 1 & 0 \end{vmatrix}
= 36
\begin{vmatrix} 1 & 0 & 0 & 0 \\ 0 & 1 & 0 & 0 \\ 0 & 0 & 1 & 0 \\ 0 & 0 & 0 & 1 \end{vmatrix}
= 36
$$

Bei der zweiten, dritten und vierten Gleichheit wurde die 2.
Regel benutzt. Die fünfte Gleichheit ergab sich durch die 3.
Regel. Die sechste Gleichheit folgt aus der Tatsache, daß
die Determinante der Einheitsmatrix 1 ist.

2. *Beispiel:*

$$
\begin{vmatrix} 1 & 2 & 3 \\ 2 & 4 & 6 \\ 1 & -3 & 7 \end{vmatrix}
=
\begin{vmatrix} 1 & 2 & 3 \\ 0 & 0 & 0 \\ 0 & -5 & 4 \end{vmatrix}
= 0
$$

Man beachte, daß bei der Determinanten Zeilen und Spalten
"gleichwertig" sind. Die gleichen Umformungen, die man bis-
her mit Zeilen gemacht hat, dürfen auch bei Spalten vorge-
nommen werden. Nützt man diese Tatsache geschickt aus, so er-
leichtert sich die Aufgabe, eine Determinante zu berechnen,
manchmal erheblich.

3. *Beispiel:*

$$
\begin{vmatrix} \boxed{1} & 2 & 3 & 4 \\ 4 & 2 & 1 & 3 \\ 3 & 2 & 1 & 0 \\ 1 & 2 & 3 & 5 \end{vmatrix}
=
\begin{vmatrix} 1 & 2 & 3 & 4 \\ 0 & -6 & -11 & -13 \\ 0 & -4 & -8 & -12 \\ 0 & 0 & 0 & 1 \end{vmatrix}
=
\begin{vmatrix} 1 & 0 & 0 & 0 \\ 0 & -6 & -11 & -13 \\ 0 & -4 & -8 & -12 \\ 0 & 0 & 0 & \boxed{1} \end{vmatrix}
=
$$

$$
\begin{vmatrix} 1 & 0 & 0 & 0 \\ 0 & -6 & -11 & 0 \\ 0 & \boxed{-4} & -8 & 0 \\ 0 & 0 & 0 & 1 \end{vmatrix}
= -4
\begin{vmatrix} 1 & 0 & 0 & 0 \\ 0 & 0 & 1 & 0 \\ 0 & 1 & 2 & 0 \\ 0 & 0 & 0 & 1 \end{vmatrix}
= -4
\begin{vmatrix} 1 & 0 & 0 & 0 \\ 0 & 0 & 1 & 0 \\ 0 & 1 & 0 & 0 \\ 0 & 0 & 0 & 1 \end{vmatrix}
= 4
$$

Die zweite Gleichheit kam durch <u>elementare Spaltenumformungen</u>
zustande. Das -2(-3 und -4)-fache der ersten Spalte wurde zur
2.(3. bzw. 4.) Spalte hinzuaddiert.
Die fünfte Gleichheit war ebenfalls das Ergebnis einer Spal-
tenumformung. Das (-2)-fache der zweiten Spalte wurde zur
dritten Spalte addiert.

(1)   Berechnen Sie die Determinante der Diagonalmatrix A:

$$A = \begin{pmatrix} \alpha_1 & 0 & \dots\dots 0 \\ 0 & \alpha_2 & 0\dots 0 \\ \dots 0\dots & \alpha_3 & \dots 0 \\ 0\dots\dots\dots 0 & & \alpha_n \end{pmatrix}$$

(2)   Beweisen Sie mit dem Laplaceschen Entwicklungssatz:
wenn in einer Matrix eine Zeile oder eine Spalte nur
aus Nullen besteht, dann ist die Determinante dieser
Matrix Null !

(3)   Beweisen Sie, daß die Determinante einer Dreiecksmatrix
gleich dem Produkt der Diagonalelemente ist !

(4)   Berechnen Sie die folgenden Determinanten:

$$\begin{vmatrix} 1 & 0 & 0 \\ 0 & 2 & 0 \\ 0 & 0 & 3 \end{vmatrix} \quad , \quad \begin{vmatrix} -4 & 0 & 5 & 6 \\ 3 & 0 & 7 & -1 \\ 2 & 0 & -5 & 1 \\ 10 & 0 & 0 & 2 \end{vmatrix} \quad , \quad \begin{vmatrix} 2 & 1 & 1 \\ 0 & 2 & 1 \\ 0 & 0 & 2 \end{vmatrix}$$

(5)   Berechnen Sie die folgende Determinante: $\begin{vmatrix} 4 & -3 & 7 \\ 2 & 0 & -1 \\ 3 & 0 & 2 \end{vmatrix}$

1. durch Entwicklung nach der ersten Zeile
2. durch Entwicklung nach der zweiten Spalte
3. mit Hilfe der Sarrus-Methode!
4. Welches Verfahren ist in diesem Fall das schnellste?

(6)   Berechnen Sie die Determinante $\begin{vmatrix} a & b & c \\ c & a & b \\ b & c & a \end{vmatrix}$

nach der Sarrus-Regel !

(7)   Welche Beziehung muß zwischen a und b bestehen, damit
die Determinante

$$\begin{vmatrix} 1 & 0 & 0 \\ 0 & a-b & a \\ 0 & a & a+b \end{vmatrix} \qquad \text{verschwindet ?}$$

(8)   Berechnen Sie die Determinante

$$\begin{vmatrix} -2 & -3 & 2 & -5 \\ 2 & 5 & -3 & -2 \\ 1 & 3 & -2 & 2 \\ -1 & -6 & 4 & 3 \end{vmatrix}$$

nach dem Laplaceschen Entwicklungssatz und mit Hilfe
des Flußdiagramms !

(9)   Beweisen Sie folgende Identität mit Hilfe des Flußdiagramms von 2.8.2. :

$$\begin{vmatrix} 1 & x & x^2 \\ 1 & y & y^2 \\ 1 & z & z^2 \end{vmatrix} = (x-y)(y-z)(z-x)$$

Wann verschwindet die Determinante ?

(1o) Zeigen Sie an Hand der Determinante $\begin{vmatrix} 0 & 6 & 1 \\ 2 & 5 & -1 \\ 3 & -2 & -4 \end{vmatrix}$,

daß die Vertauschung benachbarter Zeilen bzw. Spalten
einen Vorzeichenwechsel ergibt !

(11) Zeigen Sie am Beispiel folgender Determinante, daß
die Multiplikation einer Zeile bzw. Spalte die Multiplikation der ganzen Determinante mit dieser Zahl
ergibt :

$$\det = \begin{vmatrix} 1 & -1 & 1 \\ 1 & 2 & -3 \\ 2 & 0 & 1 \end{vmatrix} \quad , \quad Zahl = 2$$

(12) Berechnen Sie die folgenden Determinanten mit Hilfe
des Gaußschen Algorithmus :

$$\begin{vmatrix} 1 & 0 & -2 \\ -2 & 3 & 1 \\ 3 & 3 & -4 \end{vmatrix} \quad , \quad \begin{vmatrix} 1 & -1 & 4 & 3 \\ 2 & 1 & 3 & 2 \\ 3 & 0 & 1 & -2 \\ 2 & 2 & -1 & 1 \end{vmatrix}$$

1. Die Determinante ist _multilinear_:

$$\begin{vmatrix} a_{11} \cdots a_{1j}+ta'_{1j} \cdots a_{1n} \\ \vdots \qquad\qquad\qquad \vdots \\ a_{n1} \cdots a_{nj}+ta'_{nj} \cdots a_{nn} \end{vmatrix} =$$

$$\begin{vmatrix} a_{11} \cdots a_{1j} \cdots a_{1n} \\ \vdots \qquad \vdots \qquad \vdots \\ a_{n1} \cdots a_{nj} \cdots a_{nn} \end{vmatrix} + t \begin{vmatrix} a_{11} \cdots a'_{1j} \cdots a_{1n} \\ \vdots \qquad \vdots \qquad \vdots \\ a_{n1} \cdots a'_{nj} \quad a_{nn} \end{vmatrix}$$

1. Beispiel:

$$\begin{vmatrix} 1 & 2+3\cdot 4 \\ 0 & 1+3\cdot 2 \end{vmatrix} = \begin{vmatrix} 1 & 2 \\ 0 & 1 \end{vmatrix} + 3 \begin{vmatrix} 1 & 4 \\ 0 & 2 \end{vmatrix}$$

Definition:

Es sei A eine beliebige mxn-Matrix. Die transponierte Matrix $A^T=(\bar{a}_{ij})$, $i=1,\ldots,n$; $j=1,\ldots,m$; ist definiert durch $\bar{a}_{ij}=a_{ji}$.

2. Beispiel:

$$A= \begin{pmatrix} 1 & 2 \\ 3 & 4 \end{pmatrix}, \qquad A^T= \begin{pmatrix} 1 & 3 \\ 2 & 4 \end{pmatrix}$$

$$(1,2)^T= \begin{pmatrix} 1 \\ 2 \end{pmatrix}, \qquad \begin{pmatrix} 0 \\ 1 \end{pmatrix}^T = (0,1)$$

2. Es ist det $A=$det A^T.

3. Beispiel:

$$\begin{vmatrix} 1 & 2 \\ 3 & 4 \end{vmatrix} =-2 , \qquad \begin{vmatrix} 1 & 3 \\ 2 & 4 \end{vmatrix} =-2$$

3. Es sei A eine quadratische Matrix mit det $A \neq 0$ gegeben. Außerdem liege ein Gleichungssystem $Ax=b$ vor. Die Matrix A_j erhält man, wenn man in A die j-te Spalte durch b ersetzt. Dann gilt die sogenannte _Cramersche Regel_:

$$x_j=\frac{\det A_j}{\det A}$$

4. *Beispiel:*

$$x_1 + x_2 = 4$$
$$2x_1 + x_2 = 6$$

$$\rightarrow \qquad \begin{pmatrix} 1 & 1 \\ 2 & 1 \end{pmatrix} \begin{pmatrix} x_1 \\ x_2 \end{pmatrix} = \begin{pmatrix} 4 \\ 6 \end{pmatrix}$$

$$A \qquad x \qquad = \qquad b$$

$$A_1 = \begin{pmatrix} 4 & 1 \\ 6 & 1 \end{pmatrix} \qquad \det A_1 = -2$$

$$A_2 = \begin{pmatrix} 1 & 4 \\ 2 & 6 \end{pmatrix} \qquad \det A_2 = -2$$

$$\begin{vmatrix} 1 & 1 \\ 2 & 1 \end{vmatrix} = -1$$

$$x_1 = \frac{-2}{-1} = 2 \qquad x_2 = \frac{-2}{-1} = 2$$

4. *Es ist det (AB) = det A·det B.*

5. *Es ist det A=0 genau dann, wenn A nicht invertierbar ist.*

6. *Es sei*

$$A^{-1} = \begin{pmatrix} \overline{a}_{11} \cdots \overline{a}_{1n} \\ \\ \overline{a}_{n1} \cdots \overline{a}_{nn} \end{pmatrix} .$$

Dann ist

$$\overline{a}_{ij} = \frac{(-1)^{j+i} \det A_{ji}}{\det A} .$$

<u>*Aufgaben zu 2.8.3.*</u>

(1) *Verifizieren Sie die Regel det(A·B) = det A · det B*
     für die Matrizen

$$A = \begin{pmatrix} 2 & 3 \\ -1 & 1 \end{pmatrix} , \qquad B = \begin{pmatrix} -2 & 0 \\ 3 & -1 \end{pmatrix} \qquad !$$

(2) **Dieselbe Aufgabe wie (1) für die Matrizen**

$$A = \begin{pmatrix} 1 & -4 & 1 \\ \frac{1}{2} & -1 & -\frac{1}{3} \\ \frac{3}{4} & \frac{1}{2} & -1 \end{pmatrix} \quad , \quad B = \begin{pmatrix} 3 & 0 & 0 \\ 0 & 2 & 0 \\ 0 & 0 & 1 \end{pmatrix}$$

(3) Lösen Sie das folgende lineare Gleichungssystem mit Hilfe der Cramerschen Regel :

$$\begin{aligned} 3x &- 5y &= 4 \\ 5x &- 4y &= 11 \end{aligned}$$

(4) Lösen Sie das folgende lineare Gleichungssystem mit Hilfe von Determinanten und mit Hilfe des Gaußschen Algorithmus und vergleichen Sie beide Lösungsmethoden :

$$\begin{aligned} 2x &+ y &- 2z &= 1o \\ 3x &+ 2y &+ 2z &= 1 \\ 5x &+ 4y &+ 3z &= 4 \end{aligned}$$

(5) Lösen Sie das folgende lineare Gleichungssystem mit Hilfe von Determinanten :

$$\begin{aligned} 3x &+ y &- 2z &= 3 \\ x &- 2y &- 3z &= 1 \\ 2x &+ 3y &+ z &= 2 \end{aligned}$$

(6) Beweisen Sie die Eigenschaft :

$$\det A^{-1} = \frac{1}{\det A} .$$

(7) Zeigen Sie, daß eine Matrix A genau dann invertierbar ist (d.h. A^{-1} existiert), wenn $\det A \neq 0$ ist !

(8) *Berechnen Sie die Inverse der Matrix*

$$A = \begin{pmatrix} 1 & 0 & 0 \\ 1 & 1 & 0 \\ 1 & 1 & 1 \end{pmatrix}$$

nach dem Satz $A^{-1} = (b_{ij})$ *mit* $b_{ij} = \dfrac{(-1)^{i+j}}{\det A} |A_{ij}|$ *!*

(9) *Weisen Sie die Regel* $\det A = \det A^T$ *für die Matrix*

$$A = \begin{pmatrix} 4 & 1 & 2 \\ -2 & -1 & 4 \\ 6 & -3 & -2 \end{pmatrix} \qquad nach \ !$$

(10) *Zeigen Sie die Multilinearität der Determinanten für den Spezialfall* 2×2 :

$$\begin{vmatrix} \lambda a & b \\ \lambda c & d \end{vmatrix} = \lambda \begin{vmatrix} a & b \\ c & d \end{vmatrix} \quad , \quad \begin{vmatrix} a & \lambda b \\ c & \lambda d \end{vmatrix} = \lambda \begin{vmatrix} a & b \\ c & d \end{vmatrix} \quad ,$$

$$\begin{vmatrix} a_1 + a_2 & b \\ c_1 + c_2 & d \end{vmatrix} = \begin{vmatrix} a_1 & b \\ c_1 & d \end{vmatrix} + \begin{vmatrix} a_2 & b \\ c_2 & d \end{vmatrix} \quad ,$$

$$\begin{vmatrix} a & b_1 + b_2 \\ c & d_1 + d_2 \end{vmatrix} = \begin{vmatrix} a & b_1 \\ c & d_1 \end{vmatrix} + \begin{vmatrix} a & b_2 \\ c & d_2 \end{vmatrix} \quad .$$

(11) *Berechnen Sie* $\det(A + \lambda E)$ *für folgende Matrizen* :

$$A_1 = \begin{pmatrix} 1 & 2 \\ -1 & 4 \end{pmatrix} \quad und \quad A_2 = \begin{pmatrix} 1 & 1 & 1 \\ 0 & 2 & 1 \\ 0 & 0 & -1 \end{pmatrix} .$$

(12) *Berechnen Sie die Inverse der Matrix*

$$\begin{pmatrix} a_{11} & a_{12} \\ a_{21} & a_{22} \end{pmatrix} \qquad im \ Falle \qquad \Delta = a_{11} a_{22} - a_{12} a_{21} \neq 0 \ !$$

(13) *Eine Permutation p der natürlichen Zahlen 1,2,...,n
erhält man, wenn man diese Zahlen in irgendeiner Reihenfolge aufschreibt.*

1. Beispiel:

*Es ist 2,1,3 eine Permutation p von 1,2,3.
Die i-te Zahl in dieser Folge wird mit p(i) be-
zeichnet. (p kann als bijektive Abbildung der
Menge {1,2,..,n} in sich aufgefaßt werden).*

2. Beispiel:

*Im ersten Beispiel ist p(1) = 2, p(2) = 1 und
p(3) = 3.*

*a) Geben Sie p(1), p(2) und p(3) von den folgen-
den Permutationen an :*

$$3,2,1 \qquad und \qquad 1,2,3 \quad .$$

b) Geben Sie alle Permutationen von 1,2,3 an !

*Es sei p eine Permutation. Eine <u>Inversion</u> liegt vor,
falls in dieser Reihenfolge eine größere Zahl vor
einer kleineren Zahl kommt.*

3. Beispiel:

2,4,1,3   2 kommt vor 1

4 kommt vor 1 und 3

Es liegen also drei Inversionen vor.

*c) Wieviele Inversionen gibt es bei den folgenden
Permutationen ?*

$$3,1,2,4 \quad , \quad 1,2,3 \qquad und \quad 4,3,2,1$$

*Das Signum "<u>sgn(p)</u>" einer Permutation p ist 1 bzw.
-1, falls die Anzahl der Inversionen gerade bzw. un-
gerade ist (0 gilt als gerade Zahl!).*

d) *Bestimmen Sie das Signum der in c) angegebenen Permutationen !*

Die Determinante einer (n,n)- Matrix A kann man auch nach der folgenden Regel berechnen :

$$\det A \; = \; \sum_p \text{sign}(p) \cdot a_{1p(1)} \cdot a_{2p(2)} \cdot \ldots \cdot a_{np(n)} \qquad (*)$$

Hierbei wird über alle möglichen Permutationen aufsummiert.

4. *Beispiel:*

Die Permutationen von 1,2 sind 2,1 und 1,2 . Es ist sign(1,2) = 1 und sign(2,1) = -1 . Daraus folgt:

$$\begin{vmatrix} a_{11} & a_{12} \\ a_{21} & a_{22} \end{vmatrix} = \text{sign}(1,2)a_{11}a_{22} + \text{sign}(2,1)a_{12}a_{21}$$

$$= a_{11}a_{22} - a_{12}a_{21}$$

e) *Berechnen Sie mit Hilfe der Formel (*) die Determinanten einer (3,3)- Matrix !*

(14) *Es sei A eine (n,n)-Matrix. Die reelle Zahl a heißt <u>Eigenwert</u>, wenn es einen von Null verschiedenen Vektor x (der Eigenvektor von a heißt) gibt, so daß A·x = a·x . Es gilt ganz allgemein der Satz, daß die Eigenwerte die Nullstellen des <u>charakteristischen Polynoms</u> det(A - t·E) sind (E = Einheitsmatrix).*

Beispiel :

$$A = \begin{pmatrix} 1 & 0 \\ 0 & 1 \end{pmatrix}$$

$$|A - t \cdot E| = \begin{vmatrix} 1-t & 0 \\ 0 & 1-t \end{vmatrix} = (1-t)(1-t) = 1 - 2t + t^2$$

Die einzige Nullstelle dieses Polynoms vom Grad 2 ist 1.

*a) Wieviele Eigenwerte besitzt eine (n,n)-Matrix
   höchstens ?*

b) Geben Sie die Eigenwerte der folgenden Matrix an:

$$\begin{pmatrix} \dfrac{1}{3} & \dfrac{5}{84} \\[2ex] \dfrac{7}{6} & \dfrac{1}{12} \end{pmatrix}$$

*Die Eigenvektoren zum Eigenwert a einer Matrix A sind
die Lösungen des homogenen Gleichungssystems
(A - a·E)x = O .*

*c) Geben Sie alle Eigenvektoren zu den beiden Eigen-
   werten aus b) an !*

2.9.   Matrizen in der Ökonomie: Das Leontief - Modell

2.9.1. Definition und Beschreibung des Leontief - Modells

*Als zweites wichtiges Anwendungsgebiet der Matrizen-
theorie wird das offene, statische Leontief - Modell
behandelt.*

Bemerkung :

*Das Leontief - Modell heißt statisch, weil die Pro-
duktionskoeffizienten zeitunabhängig sind und offen,
weil Güter an einen exogenen Bereich abgegeben werden.*

*Es sei ein Betrieb mit n Betriebsstätten gegeben. Jede
Betriebsstätte soll nach Voraussetzung genau ein Gut
ausbringen können, das in einem physikalischen Maßsystem (oder in Geldeinheiten) gemessen wird.*

q_{ij} : *Betriebsstätte i liefert an Betriebsstätte j
die Quantität q_{ij}, damit j eine Einheit produzieren kann;*

q_{ij} wird Produktionskoeffizient genannt.

Q : $Q = (q_{ij})$ $i,j = 1,\ldots,n$; *die aus den Pro-*
duktionskoeffizienten gebildete Matrix heißt
Produktionsmatrix.

$E - Q$: *E ist die Einheitsmatrix vom gleichen Typ*
wie Q. *E - Q* *wird* <u>*Technologiematrix*</u> *genannt.*

q_j : <u>*Produktion*</u> *der* <u>*j-ten*</u> *Betriebsstätte.*

q : *q ist der aus den* q_j *erstellte Spalten-*
vektor, der <u>*Produktion*</u> *genannt wird.*

y_j : <u>*Nachfrage*</u> *des exogenen Bereichs nach Güter-*
quantitäten der <u>*j-ten*</u> *Betriebsstätte.*

y : *y ist der aus den* y_j *erstellte Spaltenvektor,*
der <u>*Nachfrage*</u> *genannt wird.*

<u>*Merke*</u>:   *Q, q und y sind nicht-negative Matrizen.*

Zur Produktion von q_j *Einheiten braucht die j-te Betriebs-*
stätte von der i-ten die Quantität $q_{ij} \cdot q_j$ *(Linearitätsan-*
nahme).

Die Betriebsstätte i muß also mindestens die Quantität

$$\sum_{j=1}^{n} q_{ij} \cdot q_j$$

herstellen, um den Bedarf aller Betriebsstätten zu decken.
Man nimmt dann an, daß folgende Beziehung gilt:

$$q_i - \sum_{j=1}^{n} q_{ij} \cdot q_j = y_i \qquad i=1,\ldots\ldots,n \quad (*)$$

In Worten: Subtrahiert man von der Produktion von i den
in dem Betrieb zur Erstellung von q erforder-
lichen Bedarf, so erhält man die Quantität,
die an den exogenen Bereich abgegeben wird.

Die Gleichungen (*) lassen sich auch so schreiben:

$$(E - Q) \cdot q = y$$

Beispiel:

$$Q = \begin{pmatrix} 0 & \frac{1}{2} & 0 & 0 \\ 0 & 0 & \frac{1}{2} & 0 \\ 0 & 0 & 0 & \frac{1}{2} \\ \frac{1}{2} & 0 & 0 & 0 \end{pmatrix} \qquad (E-Q) = \begin{pmatrix} 1 & -\frac{1}{2} & 0 & 0 \\ 0 & 1 & -\frac{1}{2} & 0 \\ 0 & 0 & 1 & -\frac{1}{2} \\ -\frac{1}{2} & 0 & 0 & 1 \end{pmatrix}$$

$$\begin{pmatrix} 1 & -\frac{1}{2} & 0 & 0 \\ 0 & 1 & -\frac{1}{2} & 0 \\ 0 & 0 & 1 & -\frac{1}{2} \\ -\frac{1}{2} & 0 & 0 & 1 \end{pmatrix} \cdot \begin{pmatrix} q_1 \\ q_2 \\ q_3 \\ q_4 \end{pmatrix} = \begin{pmatrix} y_1 \\ y_2 \\ y_3 \\ y_4 \end{pmatrix}$$

<u>*Bemerkung:*</u>

Das Leontief-Modell wird in der Volkswirtschaftslehre unter der Bezeichnung "Input-Output-Analyse" behandelt. Die Begriffe "Betriebe" und "Betriebsstätten" sind dann durch "Volkswirtschaft" und "Sektor" zu ersetzen.

Die zentrale Frage, der innerhalb des Leontief-Modells nachgegangen wird, lautet :
Kann der Betrieb jede Nachfrage durch eine Produktion erfüllen ?

<u>*Aufgaben zu 2.9.1.*</u>

(1)   Eine Unternehmung besteht aus drei Betriebsstätten, wobei jede Betriebsstätte nur ein Gut herstellt. Lieferungen der Betriebsstätten aneinander und an den exogenen Bereich sind in der folgenden Tabelle zusammengestellt.

Bestimmen Sie die Technologiematrix und die Produktionsmatrix !

Betriebs-stätte	Produktion	Lieferungen an die Betriebsstätten			exogener Bereich
		1	2	3	
1	2o	6	4	2	8
2	1o	2	1	2	5
3	1o	3	3	1	3

Verifizieren Sie ferner die Beziehung

$$\text{Nachfrage} \; = \; \text{Technologiematrix} \cdot \text{Produktion} \; !$$

(2) Eine Unternehmung hat folgende Produktionsmatrix :

$$Q. = \begin{pmatrix} o,2 & o,1 & o,1 \\ o & o,2 & o,2 \\ o,2 & o,3 & o,25 \end{pmatrix}$$

Berechnen Sie die Nachfrage für den Fall, daß die Betriebsstätten der Reihe nach 1oo, 1oo und 2oo Mengeneinheiten von ihren jeweiligen Gütern produzieren !

(3) Beweisen Sie, daß der Eigenverbrauch einer Betriebsstätte i ihre Produktion nicht übersteigen darf, damit sie überhaupt produzieren kann, d.h. daß gilt

$$q_{ii} \leq 1 \quad !$$

(4) Kann man innerhalb des Leontief-Modells erwarten, daß jede Produktion q realisierbar ist ? Welche Bedingungen müssen die Produktionskoeffizienten erfüllen, damit dies der Fall ist ?

2.9.2. <u>Die Produktion von nachgefragten Gütern.</u>

<u>Ein zentraler Satz</u>

Ein Betrieb kann genau dann jeder Nachfrage gerecht werden, wenn die Technologiematrix invertierbar ist und ihre
Inverse nicht-negativ ist:

$$(E-Q)^{-1} \geqslant 0 \quad .$$

Es gilt dann:

$$q = (E-Q)^{-1} \cdot y$$

1. Beispiel:

Es sei Q die im Beispiel 2.9.1. angeführte Produktionsmatrix, dann ist :

$$(E-Q)^{-1} = \frac{1}{15} \cdot \begin{pmatrix} 16 & 2 & 4 & 2 \\ 2 & 16 & 8 & 4 \\ 4 & 2 & 16 & 8 \\ 8 & 4 & 2 & 16 \end{pmatrix} \geqslant 0 \quad .$$

Aufgrund des obigen Satzes kann ein Betrieb mit dieser
Produktionsmatrix jeder Nachfrage gerecht werden.
Dem Betrieb lag die folgende Nachfrage vor :

an Gütern der 1. Betriebsstätte: 5o ME (=Mengeneinheiten),

an Gütern der 2. Betriebsstätte: 3o ME ,

an Gütern der 3. Betriebsstätte: 4o ME und

an Gütern der 4. Betriebsstätte: 7o ME .

Welche Produktion q hatten die Betriebsstätten, um dieser
Nachfrage gerecht zu werden?

Antwort:

$$q = (E-Q)^{-1} \cdot \begin{pmatrix} 5o \\ 3o \\ 4o \\ 7o \end{pmatrix} = \frac{1}{3} \cdot \begin{pmatrix} 268 \\ 236 \\ 292 \\ 344 \end{pmatrix}$$

<u>*Die Hawkins - Simon - Bedingung*</u>

*Es sei Q eine Produktionsmatrix. Dann sind die folgenden
Aussagen äquivalent :*

*(1) Die Technologiematrix (E-Q) ist invertierbar, und ihre
Inverse ist nicht-negativ:* $(E-Q)^{-1} \geqq O$ *.*

*(2) Alle führenden Hauptminoren der Technologiematrix sind
positiv.*

2. Beispiel:

*Es sei Q wieder die Produktionsmatrix aus dem Beispiel
in 2.9.1. . Dann gilt:*

Erste Hauptminore

$$
\begin{vmatrix} 1 & -\frac{1}{2} & 0 & 0 \\ 0 & \boxed{1} & -\frac{1}{2} & 0 \\ 0 & 0 & 1 & -\frac{1}{2} \\ -\frac{1}{2} & 0 & 0 & 1 \end{vmatrix}
=
\begin{vmatrix} \boxed{1} & 0 & -\frac{1}{4} & 0 \\ 0 & 1 & -\frac{1}{2} & 0 \\ 0 & 0 & 1 & -\frac{1}{2} \\ -\frac{1}{2} & 0 & 0 & 1 \end{vmatrix}
=
\begin{vmatrix} 1 & 0 & \frac{1}{4} & 0 \\ 0 & 1 & -\frac{1}{2} & 0 \\ 0 & 0 & 1 & -\frac{1}{2} \\ 0 & 0 & -\frac{1}{8} & 1 \end{vmatrix}
=
$$

$$
\begin{vmatrix} 1 & 0 & 0 & 0 \\ 0 & 1 & 0 & 0 \\ 0 & 0 & \boxed{1} & -\frac{1}{2} \\ 0 & 0 & -\frac{1}{8} & 1 \end{vmatrix}
=
\begin{vmatrix} 1 & 0 & 0 & 0 \\ 0 & 1 & 0 & 0 \\ 0 & 0 & 1 & -\frac{1}{2} \\ 0 & 0 & 0 & \boxed{\frac{15}{16}} \end{vmatrix}
=
\begin{vmatrix} 1 & 0 & 0 & 0 \\ 0 & 1 & 0 & 0 \\ 0 & 0 & 1 & 0 \\ 0 & 0 & 0 & 1 \end{vmatrix} \cdot \frac{15}{16}
$$

$$
= \frac{15}{16} > O \quad .
$$

Zweite Hauptminore   *Dritte Hauptminore*   *Vierte Hauptminore*

$$
\begin{vmatrix} 1 & -\frac{1}{2} & 0 \\ 0 & 1 & -\frac{1}{2} \\ 0 & 0 & 1 \end{vmatrix} = 1
\qquad
\begin{vmatrix} 1 & -\frac{1}{2} \\ 0 & 1 \end{vmatrix} = 1
\qquad
\begin{vmatrix} 1 \end{vmatrix} = 1
$$

*Die Hawkins - Simon - Bedingung ist also erfüllt, und die
Technologiematrix besitzt eine nicht-negative Inverse, die
im 1. Beispiel berechnet worden ist.*

<u>**Aufgaben zu 2.9.2.**</u>

(1)   In dem 1. Beispiel von 2.9.2. möge sich die Nachfrage
      im folgenden Zeitraum um jeweils 5 NE erhöhen. Mit
      welcher Produktion kann dieser Nachfrage entsprochen
      werden ?

(2)   Es sei y eine Nachfrage und q die Produktion, mit wel-
      cher der Nachfrage entsprochen wird:

$$(E-Q)q \;=\; y$$

      Um wieviel Prozent ändert sich die Produktion, wenn
      sich die Nachfrage um 1o % ändert ?

(3)   Die Technologiematrix sei invertierbar, und ihre In-
      verse möge nicht-negativ sein. Geben Sie eine ökono-
      mische Interpretation der Koeffizienten von $(E-Q)^{-1}$!
      (Hinweis: Multiplizieren Sie $(E-Q)^{-1}$ mit einem (Spal-
      ten-) Einheitsvektor !)

(4)   Kann die Unternehmung jede Nachfrage befriedigen, wenn
      die Technologiematrix invertierbar ist, die Inverse je-
      doch negative Eintragungen hat ?

(5)   Machen Sie sich klar, daß die Komponenten von $Q \cdot y$ als
      die zur Erfüllung der Nachfrage y benötigten Einsatz-
      quantitäten interpretiert werden können! Interpretie-
      ren Sie dementsprechend $Q(Qy)$, $Q^{3}y$, ... , $Q^{n}y$ und die
      unendliche Reihe $y + Qy + Q^{2}y + \ldots + Q^{n}y + \ldots$!

(6)   Ist die Hawkins-Simon-Bedingung für die folgende Pro-
      duktionsmatrix erfüllt ?

$$Q \;=\; \begin{pmatrix} 0 & \frac{1}{2} & 0 & 0 \\ 0 & 0 & \frac{1}{2} & 0 \\ 0 & 0 & 0 & \frac{1}{2} \\ \frac{1}{2} & 0 & 0 & 1 \end{pmatrix}$$

*Beachten Sie in diesem Zusammenhang die Aufgabe (7) und
das 1. Beispiel aus 2.9.2. !*

*(7) Beweisen Sie folgenden Satz:
Damit eine Betriebsstätte i eine positive Nachfrage
nach seinem Gut befriedigen kann, muß sein Eigenverbrauch kleiner als seine Produktion sein:*

$$q_{ii} < 1 \quad .$$

*(8) Eine Volkswirtschaft, die aus 2 Sektoren besteht, hat
folgende Produktionsmatrix:*

$$Q \;=\; \begin{pmatrix} \dfrac{1}{5} & \dfrac{1}{5} \\[2mm] \dfrac{1}{2} & \dfrac{1}{4} \end{pmatrix}$$

*Berechnen Sie $(E-Q)^{-1}$ mit Hilfe von Determinanten
(oder Gaußscher Algorithmus) !
Welche Mengen müssen die Sektoren produzieren, um die
Nachfrage*

$$b \;=\; \begin{pmatrix} 2o \\ 5o \end{pmatrix} \qquad \textit{zu befriedigen ?}$$

Kann diese Volkswirtschaft jeden Bedarf decken ?

*(9) Beweisen Sie unter der Voraussetzung $(E-Q)^{-1} \geqq O$,
daß eine höhere Nachfrage nur durch eine höhere Produktion erfüllt werden kann !
(Eine Nachfrage y heißt höher als y' , falls $y > y'$.)*

*(1o) Zeigen Sie :
Man kann die Produktion erhöhen, ohne damit eine hö-
here Nachfrage befriedigen zu können.
Beweisen Sie das am folgenden Beispiel :*

$$Q \;=\; \begin{pmatrix} O & \dfrac{1}{6} \\[2mm] 1 & O \end{pmatrix} \;,\qquad q = \begin{pmatrix} 1 \\ 3 \end{pmatrix} \;,\qquad q' = \begin{pmatrix} 1 \\ 2 \end{pmatrix}$$

(11) Beweisen Sie am folgenden Beispiel, daß bei erhöhter
Produktion die Nachfrage sogar sinken kann:

$$Q = \begin{pmatrix} 1 & 0 \\ 2 & 0 \end{pmatrix}, \qquad q = \begin{pmatrix} 1 \\ 3 \end{pmatrix}, \qquad q' = \begin{pmatrix} \frac{5}{4} \\ 3 \end{pmatrix}$$

(12) Die Verflechtung von drei volkswirtschaftlichen Sektoren ist in folgender Tabelle wiedergegeben :

Sektor	Produktion	Lieferungen an den Sektor			Endverbrauch (=Nachfrage)
		1	2	3	
1	1o	1	2	6	1
2	2o	3	4	3	1o
3	3o	4	2	9	15

1. Stellen Sie die Produktionsmatrix Q und die Technologiematrix E-Q auf !

2. Berechnen Sie $(E-Q)^{-1}$!

3. Für das nächste Jahr ist die Produktion

$$q = \begin{pmatrix} 1o \\ 3o \\ 1o \end{pmatrix}$$ geplant. Wie groß wird der Endverbrauch sein ?

4. Im letzten Jahr war der Endverbrauch $\begin{pmatrix} 2 \\ 19 \\ 7 \end{pmatrix}$.
Wieviel muß produziert worden sein ?

(13) Eine Volkswirtschaft hat folgende Produktionsmatrix :

$$Q = \begin{pmatrix} 0 & \frac{1}{2} & 0 \\ \frac{1}{2} & 0 & 0 \\ 0 & 0 & \frac{1}{2} \end{pmatrix}$$

Prüfen Sie mit Hilfe der Hawkins-Simon-Bedingung, ob die Volkswirtschaft jeden Bedarf decken kann !

Berechnen Sie $(E-Q)^{-1}$!

(14) Ist für die folgende Produktionsmatrix die Hawkins-Simon-Bedingung erfüllt ?

$$Q = \begin{pmatrix} 1 & 0 \\ 0 & \frac{1}{2} \end{pmatrix}$$

Geben Sie eine Nachfrage an, die nicht gedeckt werden kann !

(15) Prüfen Sie für die Matrix

$$Q = \begin{pmatrix} 0 & \frac{2}{3} & 0 \\ 0 & 0 & \frac{2}{3} \\ \frac{1}{3} & 0 & 1 \end{pmatrix}$$

die Hawkins-Simon-Bedingung !

Kann eine Volkswirtschaft mit dieser Produktionsmatrix überhaupt eine positive Nachfrage decken ?

2.9.3. Das Minkowski-Leontief-Modell

Es sei ein Betrieb gegeben, dessen Ausbringungen in einem physikalischen Maßsystem gemessen werden. Wir ordnen jetzt jedem Gut einen Preis p_i (i = 1,......,n) zu und untersuchen, wie sich die Produktionsmatrix ändert, wenn man die Gütermengen in Geldeinheiten mißt. Es ist :

p_i : *Preis einer Mengeneinheit des Gutes der i-ten Betriebsstätte*

$x_i = q_i \cdot p_i$ = *Wert der Produktion der i-ten Betriebsstätte.*

$b_i = y_i \cdot p_i$ = *Wert der i-ten Nachfrage*

Multipliziert man die Gleichung (*) aus 2.9.1. mit p_i, so erhält man

$$q_i \cdot p_i - \sum_{j=1}^{n} (q_{ij} \cdot q_j \cdot p_i) = y_i \cdot p_i$$

$$x_i - \sum_{j=1}^{n} \frac{q_{ij} \cdot p_i}{p_j} \cdot p_j \cdot q_j = b_i$$

$$x_i - \sum_{j=1}^{n} \frac{q_{ij} \cdot p_i}{p_j} \cdot x_j = b_i$$

Hierbei kann $\dfrac{q_{ij} \cdot p_i}{p_j}$ *als Wert des Gutes angesehen*

werden, das Betriebsstätte i an j liefert, damit j Güter im Wert von 1 GE herstellen kann. Definiert man

$$p_{ij} = \frac{q_{ij} \cdot p_i}{p_j} \quad und \quad P = (p_{ij}) \quad i,j = 1,......,n \quad ,$$

so erhält man

$$(E-P)x = b \quad ,$$

wobei x (b) der Spaltenvektor ist, der aus den x_i (b_i)
gebildet wurde. (Im allgemeinen kann man nicht erwarten,
daß es Preise gibt, so daß jede Betriebsstätte verlustlos arbeitet.) Die so gewonnene Matrix P heißt
"monetäre Produktionsmatrix" .

Innerhalb des Minkowski-Leontief-Modells wird vorausgesetzt, daß die Gütermengen alle in GE (=Geldeinheiten)
gemessen werden und daß die Relation

$$\sum_{i=1}^{n} p_{ij} \leq 1 \qquad j = 1,\ldots,n$$

gilt. Man sagt, daß jede Betriebsstätte verlustlos produziert.

In Worten: Jede Betriebsstätte hat einen Einsatz an
            Gütern der anderen Betriebsstätten, der den
            Wert der Ausbringung nicht übersteigt. Eine
            Betriebsstätte arbeitet wirtschaftlich, wenn
            in der obigen Relation die Gleichheit ausge-
            schlossen ist.

Beispiel :

Der Betrieb, dessen Produktionsmatrix im Beispiel von
2.9.1. gegeben ist, hat die Eigenschaft, daß alle Betriebsstätten wirtschaftlich sind (unter der Voraussetzung, daß
die Produktionskoeffizienten in GE gemessen worden sind).

Bemerkung:
Wenn $(E-P)$ invertierbar ist, gilt innerhalb des Minkowski-
Leontief-Modells zwangsläufig, daß

$$(E-P)^{-1} \geq 0 .$$

<u>**Aufgaben zu 2.9.3.**</u>

(1) Eine Unternehmung, die aus zwei Betriebsstätten
     besteht, hat folgende Produktionsmatrix :

$$Q = \begin{pmatrix} \frac{1}{5} & \frac{1}{4} \\ \frac{2}{5} & \frac{1}{2} \end{pmatrix}$$

     Der Preis einer Mengeneinheit des ersten Gutes be-
     trägt 2 Geldeinheiten und der des zweiten Gutes 4
     Geldeinheiten. Bestimmen Sie die monetäre Produktions-
     matrix !

(2) Welche der beiden Betriebsstätten der obigen Aufgabe
     arbeitet verlustlos und welche ist wirtschaftlich ?

(3) Zeigen Sie, daß eine Volkswirtschaft mit der Pro-
     duktionsmatrix

$$Q = \begin{pmatrix} 0 & 1 \\ 2 & 0 \end{pmatrix}$$

     nicht verlustlos produzieren kann (d.h. beide Sektoren
     sind nicht verlustlos), wie auch die Preise gewählt
     werden !

3. Anfänge der Vektorraumtheorie

3.1. *Der Vektorraum $\mathbb{R}^n$*

3.1.1. *Definition und Veranschaulichung des $\mathbb{R}^n$*

$\mathbb{R}^n$ ist nach Definition die Menge der Spaltenvektoren
mit n geordneten Eintragungen. Die Elemente des $\mathbb{R}^n$ werden auch als n-Tupel bezeichnet : $\mathbb{R}^2$ ist die Menge der
Paare aller reellen Zahlen, $\mathbb{R}^3$ die Menge aller Tripel
u.s.w. - Es ist prinzipiell gleichgültig, ob man die
Spalten- oder Zeilenschreibweise für die Elemente des
$\mathbb{R}^n$ wählt. In der linearen Algebra scheint die Spaltenschreibweise, in der Analysis die Zeilenschreibweise
zweckmäßiger zu sein.

1. Beispiel :

$$\begin{pmatrix}1\\2\end{pmatrix} \in \mathbb{R}^2 \;,\quad \begin{pmatrix}1\\0\\0\end{pmatrix} \notin \mathbb{R}^2 \;,\quad \begin{pmatrix}0\\0\end{pmatrix} \notin \mathbb{R}^3,\;(1,2,3,4)^T \in \mathbb{R}^4$$

(Mit dem hochgestellten "T" wird wieder die Transposition
 bezeichnet, siehe 2.8.3.)

$\mathbb{R}^1$ kann man mit $\mathbb{R}$ identifizieren und daher als Zahlenge-
rade darstellen. Zeichnet man in der Ebene ein Koordinatensystem, so kann jeder Punkt in der Ebene mit Hilfe des
Koordinatensystems als ein Paar reeller Zahlen dargestellt
werden; genauer : die Punkte der Zeichenebene und die
Paare reeller Zahlen entsprechen sich eindeutig. Der Pfeil,
den man vom Ursprung des Koordinatensystems zu einem Punkt
(a,b) ziehen kann, heißt Vektor $(a,b)^T$. $\mathbb{R}^2$ kann also als
Zahlenebene veranschaulicht werden.

2. Beispiel

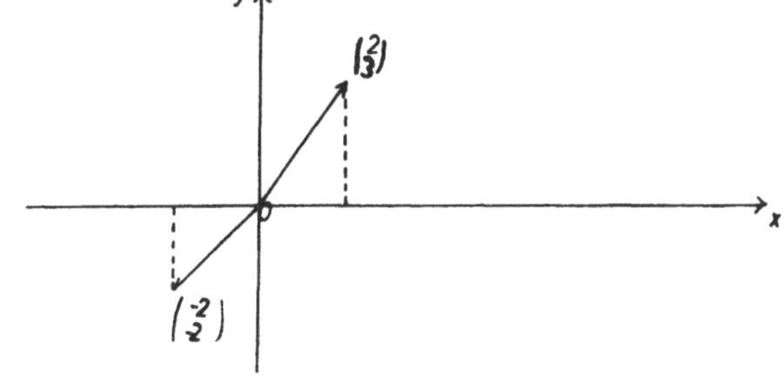

Analog hierzu kann $\mathbb{R}^3$ als dreidimensionaler Raum dargestellt werden.

3. Beispiel :

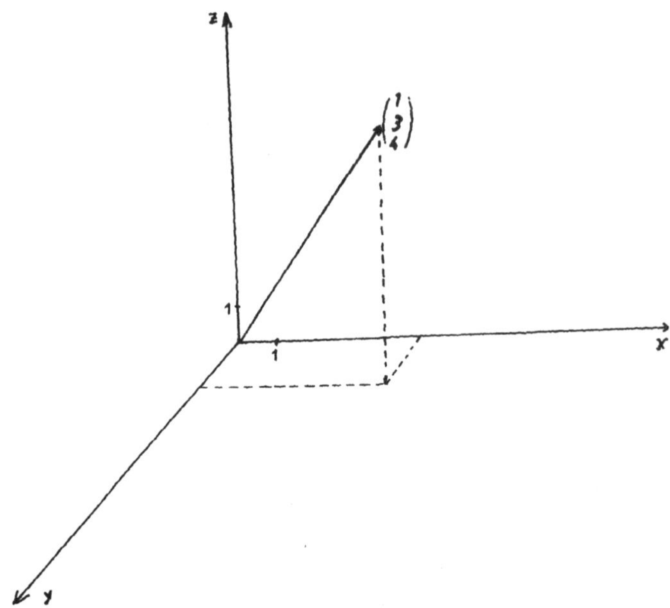

(1) Veranschaulichen Sie die folgenden Vektoren des
     $\mathbb{R}^2$ auf der Ebene : a = (3,2), b = (1,4), c = (2,-1),
     d = (-2,0),
     ferner :   a+b, c+d, -a !

(2) Berechnen Sie folgende Vektoren des $\mathbb{R}^4$:

     (2,-1, 1,0) + (3,3,-3,2)
     (1,1,1,1)   - (0,0,0,0)
     2 · (5,4,1,-4)
     - (-1,2,0,3)
     (5,1o,-6,8) - (2,7,8)

(3) Weisen Sie für die Vektoren des $\mathbb{R}^3$:
     a = (2,-1,0), b = (1,1,-2), c = (0,3,1) folgende
     Eigenschaften nach :

$$a + b = b + a$$
$$(a+b)+c = a +(b+c)$$
$$2(a+b) = 2a + 2b$$
$$(7 - 3)c = 7c - 3c$$

*) Um das Schriftbild zu vereinfachen, ist in den Aufgaben
   die Zeilenschreibweise der Spaltenschreibweise vorgezo-
   gen worden.

3.1.2. Das Axiomensystem des Vektorraums

Es sei M eine Menge, auf der eine Verknüpfung definiert ist, die als Addition geschrieben wird. M heißt abelsche (oder kommutative) Gruppe, falls die folgenden Axiome gelten:

1) $x + y = y + x$ Kommutativität
2) $(x+y)+z = x+(y+z)$ Assoziativität   } für alle $x,y,z \in M$
3) Es gibt ein neutrales Element o, so daß

$$x + o = x$$

für alle x aus M.
4) Für alle x aus M gibt es ein inverses Element (-x), so daß $\quad x + (-x) = o \quad$.

Eine abelsche Gruppe M heißt Vektorraum, wenn zwischen den Elementen aus M und den reellen Zahlen eine Verknüpfung besteht, die den folgenden Axiomen genügt und als Multiplikation geschrieben wird :

1) $(a+b)\cdot x \;=\; a\cdot x + b\cdot x$ $a,b \in R$ $x \in M$
2) $a\cdot(x+y) \;=\; a\cdot x + a\cdot y$ $x,y \in M$ $a \in R$
3) $(a\cdot b)\cdot x \;=\; a\cdot(b\cdot x)$ $a,b \in R$ $x \in M$
4) $1\cdot x \;=\; x$ $1 \in R$ $x \in M$

Die Elemente des Vektorraums heißen Vektoren.

Beispiel :

Für die Elemente des R^n wird eine Verknüpfung definiert:

$$
\begin{pmatrix} x_1 \\ \cdot \\ \cdot \\ \cdot \\ x_i \\ \cdot \\ \cdot \\ x_n \end{pmatrix}
+
\begin{pmatrix} y_1 \\ \cdot \\ \cdot \\ \cdot \\ y_i \\ \cdot \\ \cdot \\ y_n \end{pmatrix}
:=
\begin{pmatrix} x_1+y_1 \\ \cdot \\ \cdot \\ \cdot \\ x_i+y_i \\ \cdot \\ \cdot \\ x_n+y_n \end{pmatrix}
$$

*Zwei Spaltenvektoren werden also addiert, indem ihre
Eintragungen komponentenweise addiert werden.*

Im Sinne dieser Definition gilt

$$\begin{pmatrix} 1 \\ 0 \\ 1 \end{pmatrix} + \begin{pmatrix} 2 \\ -1 \\ -3 \end{pmatrix} = \begin{pmatrix} 3 \\ -1 \\ -2 \end{pmatrix} \quad , \qquad \begin{pmatrix} 1 \\ 5 \end{pmatrix} + \begin{pmatrix} -1 \\ -5 \end{pmatrix} = \begin{pmatrix} 0 \\ 0 \end{pmatrix} \quad .$$

*Man überzeugt sich leicht, daß $\mathbb{R}^n$ bezüglich dieser Addition
eine abelsche Gruppe ist. Außerdem wird eine Multiplikation
erklärt:*

$$a \cdot \begin{pmatrix} x_1 \\ \cdot \\ x_i \\ \cdot \\ \cdot \\ x_n \end{pmatrix} = \begin{pmatrix} a \cdot x_1 \\ \cdot \\ a \cdot x_i \\ \cdot \\ \cdot \\ a \cdot x_n \end{pmatrix} \quad , \ a \in \mathbb{R}$$

welche die obigen vier Axiome erfüllt.

Es ist

$$-1 \cdot \begin{pmatrix} 3 \\ 7 \\ -4 \end{pmatrix} = \begin{pmatrix} -3 \\ -7 \\ 4 \end{pmatrix} \qquad\qquad 0 \cdot \begin{pmatrix} 1 \\ -1 \end{pmatrix} = \begin{pmatrix} 0 \\ 0 \end{pmatrix} \quad .$$

<u>**Aufgaben zu   3.1.2.**</u>

*(1) Beweisen Sie, daß die Menge aller 2-Tupel (a,b)
    bezüglich der Operationen*

$$(a_1,b_1) + (a_2,b_2) := (a_1+a_2 \ , \ b_1+b_2)$$
$$\lambda(a,b) := (\lambda a, \lambda b)$$

die Axiome des Vektorraumes erfüllt !

*(2) Beweisen Sie, daß die Menge aller 2-Tupel (a,b)
    bezüglich der Operationen*

$$(a_1,b_1) + (a_2,b_2) := (a_1+a_2 \ , \ b_1+b_2)$$
$$\lambda(a,b) := (\lambda a, O)$$

<u>*keinen*</u> *Vektorraum bildet !*

(3) Beweisen Sie, daß die Menge aller (m,n)-Matrizen [*)
    *bezüglich der gewöhnlichen Addition und Skalarmul-
    tiplikation einen Vektorraum bildet !*

(4) Beweisen Sie, daß die Menge aller Funktionen
    $f: \mathbb{R} \to \mathbb{R}$ *bezüglich der Addition*
    $(f+g)x := f(x) + g(x)$
    und der Skalarmultiplikation
    $(\lambda \cdot f)(x) := \lambda \cdot f(x)$
    einen Vektorraum bildet !

*) *Statt (m x n) schreibt man auch (m,n) oder (m.n) .*

3.1.3. _Linearkombination von Vektoren (Erzeugendensysteme)_

Definition:

Es sei $\{b_1,\ldots,b_m\}$ eine Menge von Vektoren aus $\mathbb{R}^n$
oder einem beliebigen Vektorraum. Man nennt jeden Vektor,
der sich wie folgt schreiben läßt :

$$t_1 \cdot b_1 + t_2 \cdot b_2 + \ldots\ldots + t_m \cdot b_m \qquad\qquad t_i \in \mathbb{R}, \quad i=1,\ldots,m$$

eine Linearkombination der Vektoren b_1 bis b_m .

1. Beispiel:

$\begin{pmatrix} 7 \\ -4 \end{pmatrix}$ ist eine Linearkombination von $\begin{pmatrix} 0 \\ 1 \end{pmatrix}$ und $\begin{pmatrix} 1 \\ 0 \end{pmatrix}$, denn

$$\begin{pmatrix} 7 \\ -4 \end{pmatrix} = 7 \cdot \begin{pmatrix} 1 \\ 0 \end{pmatrix} + (-4) \cdot \begin{pmatrix} 0 \\ 1 \end{pmatrix} \ .$$

Definition:

Es sei $\{b_1,\ldots,b_m\}$ eine Teilmenge eines Vektorraumes (z.B.
des $\mathbb{R}^n$). Diese Teilmenge heißt _Erzeugendensystem_ des Vektorraums, wenn jeder Vektor eine Linearkombination der b_1 bis
b_m ist.

2. Beispiel:

$\begin{pmatrix} 2 \\ 0 \end{pmatrix}$ und $\begin{pmatrix} 0 \\ -1 \end{pmatrix}$ bilden ein Erzeugendensystem des $\mathbb{R}^2$,

denn $\begin{pmatrix} x \\ y \end{pmatrix} = \dfrac{x}{2} \cdot \begin{pmatrix} 2 \\ 0 \end{pmatrix} + (-y) \cdot \begin{pmatrix} 0 \\ -1 \end{pmatrix} \ .$

Aufgaben zu 3.1.3.

(1) Zeigen Sie, daß sich jeder Vektor des $\mathbb{R}^3$ als Linearkombination der Einheitsvektoren

$$e_1 = (1,0,0), \quad e_2 = (0,1,0), \quad e_3 = (0,0,1)$$

darstellen läßt !

(2) **Es** seien die folgenden Vektoren des $\mathbb{R}^4$ gegeben :

$\quad$ a $=$ (4,o,-2,2)

$\quad$ b $=$ (-1,2,3,1)

$\quad$ c $=$ (o,o,5,3)

Berechnen Sie die folgenden Linearkombinationen :

$2a - 3b + c$, $\quad \frac{1}{2}a + b - 3c$, $\quad \frac{1}{3}(a + b + c)$.

(3) Bilden die Vektoren $\quad$ (1,2) und (2,-1) ein Erzeugendensystem des $\mathbb{R}^2$?

Das heißt : Läßt sich jeder Vektor aus $\mathbb{R}^2$ als eine Linearkombination dieser Vektoren darstellen ?

(4) Bilden die Vektoren (1,1) und (-1,-1) ein Erzeugendensystem für $\mathbb{R}^2$?

Wenn nicht, geben Sie einen Vektor an, der sich nicht
als Linearkombination darstellen läßt !

(5) Bilden die Vektoren (1,o,o), (1,1,o) und (1,1,1) ein
Erzeugendensystem für den Vektorraum $\mathbb{R}^3$?

(6) Es seien m Vektoren $b_1, b_2, \ldots, b_m$ des $\mathbb{R}^n$ gegeben. Eine
Linearkombination

$$t_1 b_1 + t_2 b_2 + \ldots + t_m b_m \qquad \text{heißt } \underline{\text{konvex}},$$

wenn $t_i \geqq o$ (i=1,...,m) und $t_1 + t_2 + \ldots + t_m = 1$.

Bilden Sie zwei konvexe Linearkombinationen von (1,2)
und (4,1) ! Veranschaulichen Sie sich diese konvexe
Linearkombination in der Ebene ! Was erhält man, wenn
man alle möglichen konvexen Linearkombinationen dieser
beiden Vektoren bildet ?

(7) Beweisen Sie den Satz :

"Ein lineares Gleichungssystem $A \cdot x = b$ ist genau
dann lösbar, wenn b eine Linearkombination der Spaltenvektoren von A ist."

Definition:

Die Menge der Vektoren $\{b_1,\dots,b_m\}_{(m>1)}$ aus einem Vektorraum heißt *linear unabhängig*, wenn kein Vektor aus dieser
Menge eine Linearkombination der ánderen ist, andernfalls
heißt sie *linear abhängig*.

Eine andere Definition, die allerdings von der obigen etwas verschieden ist, weil sie auch den Fall $m=1$ berücksichtigt, lautet :

Die Menge der Vektoren $\{b_1,\dots,b_m\}$ aus einem Vektorraum
heißt linear unabhängig, wenn gilt:

Aus $t_1 b_1 + t_2 b_2 + \dots + t_m b_m = 0$ (=Nullvektor) folgt
stets $t_1 = t_2 = \dots\dots = t_m = 0$.

1. Beispiel :

Die Menge der Einheitsvektoren $\{e_1,\dots,e_n\}$ des $\mathbb{R}^n$ ist
linear unabhängig (siehe 2.2.). Hierbei ist e_i der Einheitsvektor, dessen i-te Komponente 1 ist.

$$t_1 e_1 + t_2 e_2 + \dots + t_n e_n = t_1 \cdot \begin{pmatrix} 1 \\ \vdots \\ \vdots \\ 0 \end{pmatrix} + t_2 \cdot \begin{pmatrix} 0 \\ 1 \\ \vdots \\ 0 \end{pmatrix} + \dots + t_n \cdot \begin{pmatrix} 0 \\ \vdots \\ \vdots \\ 1 \end{pmatrix}$$

$$= \begin{pmatrix} t_1 \\ \vdots \\ \vdots \\ t_n \end{pmatrix} = \begin{pmatrix} 0 \\ \vdots \\ \vdots \\ 0 \end{pmatrix} \iff t_1 = t_2 = \dots\dots = t_n = 0$$

2. Beispiel :

Zwei Vektoren sind genau dann linear abhängig, wenn ein
Vektor ein Vielfaches des anderen ist.

$$\left(-\tfrac{1}{2}\right) \cdot \begin{pmatrix} 1 \\ 2 \end{pmatrix} = \begin{pmatrix} -\tfrac{1}{2} \\ -1 \end{pmatrix} =: a \quad , \quad b := \begin{pmatrix} 1 \\ 2 \end{pmatrix} \quad .$$

Zeichnet man die beiden obigen Vektoren in ein Koordinatensystem ein, so sieht man, daß zwei Vektoren des R^n genau dann linear abhängig sind, wenn sie auf einer Geraden liegen. Man sagt daher auch, daß sie kollinear sind.

<u>**Aufgaben zu 3.2.1.**</u>

(1) Sind die Vektoren $(1,1)$ und $(2,2)$ aus R^2 linear unabhängig ? Veranschaulichen Sie diese Vektoren auf der Ebene ! Was stellen Sie fest ? Was können Sie allgemein über zwei linear abhängige Vektoren aus R^2 sagen ?

(2) Sind die Vektoren $(1,5)$ und $(2,-5)$ aus R^2 linear unabhängig ?

(3) Sind die Vektoren $(1,3,4)$, $(2,o,4)$ und $(-1,1,o)$ aus R^3 linear unabhängig ?

(4) Sind die Vektoren $(2,1,o)$, $(1,-1,2)$ und $(o,3,-4)$ linear unabhängig ?
Wenn nicht, stellen Sie einen dieser Vektoren als Linearkombination der beiden anderen dar !

(5) Zeigen Sie, daß drei linear abhängige Vektoren in R^3 auf einer Ebene durch den Ursprung liegen !

(6) Beweisen Sie:
"Ein Gleichungssystem $A \cdot x = b$ ist genau dann eindeutig lösbar, wenn die Spaltenvektoren $a_1,\ldots,a_n$ von A linear unabhängig sind."

3.2.2. <u>Basis und Dimension</u>

<u>Definition</u>:

Ein linear unabhängiges Erzeugendensystem eines Vektorraumes heißt <u>Basis</u>.

1. Beispiel :
   Die Menge der Einheitsvektoren des $\mathbb{R}^n$ ist eine Basis.
   Im 1. Beispiel von 3.1.3. wurde an einem Spezialfall (der sich leicht verallgemeinern läßt) gezeigt,
   daß diese Menge ein Erzeugendensystem ist.
   Im 1. Beispiel von 3.2.1. wurde nachgewiesen, daß
   diese Menge linear unabhängig ist.

<u>Satz</u>

Zwei Basen eines Vektorraumes haben gleichviele Elemente.

<u>Definition</u>:

Die Anzahl der Basiselemente heißt <u>Dimension</u> des Vektorraumes.

2. Beispiel :
   Die Dimension des $\mathbb{R}^n$ ist wegen des 1. Beispiels n.

<u>Satz</u>

Es sei M eine Menge von Vektoren eines Vektorraumes.
Dann sind folgende Aussagen äquivalent:

1. M ist eine Basis.
2. M ist ein minimales Erzeugendensystem.
3. M ist eine maximale Menge linear unabhängiger Vektoren.
4. Jeder Vektor läßt sich eindeutig als Linearkombination
   der Vektoren aus M darstellen.

(1) Zeigen Sie, daß die Vektoren (1,5) und (2,-5) ein
maximales System linear unabhängiger Vektoren
(d.h. eine Basis) für R^2 bilden !
Was ist die Dimension für R^2 ?

(2) Zeigen Sie, daß die Vektoren (1,2) und (2,-1) ein
minimales Erzeugendensystem (d.h. eine Basis) für
R^2 bilden !

(3) Zeigen Sie, daß man jeden Vektor aus R^2 eindeutig
als Linearkombination der Vektoren (1,3) und (2,4)
darstellen kann ! Diese Vektoren bilden also eine
Basis für R^2. Stellen Sie speziell den Vektor (-5,3)
als Linearkombination dieser Vektoren dar!

(4) Bilden folgende Vektoren eine Basis für R^3 ?
(1,-1,o);   (o,1,-1);   (-1,o,2)   .
Wenn ja, stellen Sie den Vektor (1,3,-1) als Linearkombination dieser Vektoren dar !

(5) Bilden die Vektoren (1,-1,o), (o,1,-1), (-1,o,1)
eine Basis für R^3 ?

(6) Bilden die Vektoren (1,-1,-2,o), (-1,2,2,-1),
(-2,3,5,-1) und (o,1,-1,-2) eine Basis für R^4 ?
Wenn ja, stellen Sie den Vektor (1,1,1,1) als
Linearkombination dieser Vektoren dar !

Definition:

Der *Zeilenrang* (*Spaltenrang*) einer Matrix ist gleich der
maximalen Anzahl der linear unabhängigen Zeilenvektoren
(Spaltenvektoren) der Matrix.

1. Beispiel:

Der Zeilenrang und der Spaltenrang der zweiten Einheitsmatrix $\begin{pmatrix} 1 & 0 \\ 0 & 1 \end{pmatrix}$ ist 2.

Der Zeilenrang und der Spaltenrang der Matrix $\begin{pmatrix} 1 & -2 \\ 3 & -6 \end{pmatrix}$
ist 1.

Satz

Der Zeilenrang ist gleich dem Spaltenrang der Matrix.

Merke:

Der obige Satz erlaubt es schlechthin, vom *Rang* einer Matrix
zu sprechen.

Satz

Der Rang einer Matrix ändert sich nicht, wenn in der Matrix
elementare Zeilen- und Spaltenumformungen vorgenommen werden.

Der obige Satz erlaubt es leicht, den Rang einer Matrix zu
bestimmen:
Man nehme solange in der Matrix elementare Zeilen- und Spaltenumformungen vor (Gaußscher Algorithmus), bis in jeder Zeile
und Spalte höchstens eine Eins steht. Der Rang der Matrix ist
dann gleich der Anzahl der Einsen in der Endmatrix.

2. Beispiel:

$$\begin{pmatrix} 7 & 1 & 1 & 1 & 0 \\ 5 & 0 & 1 & 3 & \boxed{1} \\ 13 & 1 & 2 & 1 & 0 \end{pmatrix} \longrightarrow \begin{pmatrix} 7 & 1 & 1 & \boxed{1} & 0 \\ 0 & 0 & 0 & 0 & 1 \\ 13 & 1 & 2 & 1 & 0 \end{pmatrix} \longrightarrow$$

$$\begin{pmatrix} 7 & 1 & 1 & 1 & 0 \\ 0 & 0 & 0 & 0 & 1 \\ 6 & 0 & \boxed{1} & 0 & 0 \end{pmatrix} \longrightarrow \begin{pmatrix} 1 & 1 & 1 & \boxed{1} & 0 \\ 0 & 0 & 0 & 0 & 1 \\ 0 & 0 & 1 & 0 & 0 \end{pmatrix} \longrightarrow$$

$$\longrightarrow \begin{pmatrix} 0 & 0 & 0 & 1 & 0 \\ 0 & 0 & 0 & 0 & 1 \\ 0 & 0 & 1 & 0 & 0 \end{pmatrix}$$

Der Rang ist 3 .

$$\begin{pmatrix} 1 & 2 & -1 \\ 1 & 7 & \boxed{1} \\ 3 & 11 & -1 \end{pmatrix} \longrightarrow \begin{pmatrix} 2 & 9 & 0 \\ 1 & 7 & 1 \\ 4 & 18 & 0 \end{pmatrix} \longrightarrow \begin{pmatrix} \boxed{2} & 9 & 0 \\ 0 & 0 & 1 \\ 4 & 18 & 0 \end{pmatrix} \longrightarrow$$

$$\begin{pmatrix} 1 & 4,5 & 0 \\ 0 & 0 & 1 \\ 0 & 0 & 0 \end{pmatrix} \longrightarrow \begin{pmatrix} 1 & 0 & 0 \\ 0 & 0 & 1 \\ 0 & 0 & 0 \end{pmatrix} \qquad \textit{Der Rang ist 2 .}$$

<u>*Satz*</u>

Eine (n,n)-Matrix ist genau dann invertierbar, wenn ihr Rang n ist.

<u>*Aufgaben zu 3.3.1.*</u>

(1) Bestimmen Sie den Zeilenrang der Matrix

$$\begin{pmatrix} 1 & -2 & 3 \\ 2 & -5 & 7 \\ 1 & -3 & 4 \end{pmatrix} \quad ,$$

indem Sie sie durch elementare Zeilenumformungen
auf die Dreiecksform bringen !

(2) Bestimmen Sie durch elementare Spaltenumformungen
den Spaltenrang der folgenden Matrix !

$$\begin{pmatrix} 1 & 1 & -1 & 1 \\ 3 & 4 & -1 & 1 \\ -2 & 0 & 6 & -6 \end{pmatrix}$$

(3) Bestimmen Sie den Zeilen- und den Spaltenrang der
Matrix

$$\begin{pmatrix} 1 & -1 & 2 \\ 4 & -3 & 8 \\ -2 & 2 & -4 \end{pmatrix}$$

und vergleichen Sie die beiden !

(4) Bestimmen Sie den Rang der folgenden Matrix !

$$\begin{pmatrix} 2 & 4 & -2 \\ -2 & -3 & 2 \\ 4 & 8 & -5 \end{pmatrix}$$

(5) Bestimmen Sie den Rang der folgenden Matrix !

$$\begin{pmatrix} -1 & 2 & 3 & 4 & 0 \\ -1 & 3 & 3 & 3 & 3 \\ 0 & 1 & 0 & -1 & 3 \\ -1 & 3 & 2 & 6 & 1 \end{pmatrix}$$

3.3.2. Lösbarkeitskriterium für lineare Gleichungssysteme

Es sei ein Gleichungssystem gegeben. Wie in 2.1.1. erklärt wurde, erhält man daraus zwei Matrizen, die Koeffizientenmatrix (oder einfache Matrix) sowie die erweiterte Matrix.

Satz

Ein Gleichungssystem hat genau dann eine Lösung, wenn der Rang der einfachen Matrix gleich dem Rang der erweiterten Matrix ist.

Mit Hilfe dieses Satzes kann entschieden werden, ob ein Gleichungssystem lösbar ist:
Man nehme sich die erweiterte Matrix her und wähle solange Pivots in der Koeffizientenmatrix, bis in jeder Zeile und Spalte der Koeffizientenmatrix höchstens eine Eins steht. Hierbei sind sowohl elementare Zeilen- als auch Spaltenumformungen vorzunehmen. Das Gleichungssystem ist genau dann lösbar, wenn die rechte Seite der so gewonnenen Matrix gleich Null ist.

Beispiel:

Die erweiterte Matrix eines Gleichungssystems hat folgendes Aussehen :

$$
\left(\begin{array}{cccc|c}
\boxed{1} & 3 & 2 & -1 & 0 \\
2 & -1 & 5 & 2 & 3 \\
-1 & 11 & -4 & -7 & -6 \\
1 & 10 & 1 & -5 & -2
\end{array}\right)
\rightarrow
\left(\begin{array}{cccc|c}
1 & 0 & 0 & 0 & 0 \\
0 & -7 & \boxed{1} & 4 & 3 \\
0 & 14 & -2 & -8 & -6 \\
0 & 7 & -1 & -4 & -2
\end{array}\right)
\rightarrow
\left(\begin{array}{cccc|c}
1 & 0 & 0 & 0 & 0 \\
0 & 0 & 1 & 0 & 0 \\
0 & 0 & 0 & 0 & 0 \\
0 & 0 & 0 & 0 & 1
\end{array}\right)
$$

Das Gleichungssystem ist unlösbar.

(1) Ist das folgende Gleichungssystem lösbar ? Benutzen
Sie dabei das Rangkriterium !

$$
\begin{aligned}
x - 3y - z &= 6 \\
2x - 5y + 2z &= 9 \\
3x - 6y + 9z &= 6
\end{aligned}
$$

(2) Ist das folgende Gleichungssystem lösbar ?

$$
\begin{aligned}
2x - 4y + 6z &= 4 \\
2x - 3y + 4z &= 7 \\
2x - 2y + 2z &= 1o \\
4x - 7y + 1oz &= 11
\end{aligned}
$$

4. Einführung in die lineare Optimierung

4.1. *Problemstellung*

4.1.1. *Zwei Beispiele aus dem Wirtschaftsbereich*

1. Beispiel (Gewinnmaximierung)

Eine Betriebswirtschaft stellt n Produkte her und hat dazu m Maschinen zur Verfügung. Für den Betrieb stellt sich das Problem, welche Produkte in welchen Mengen herzustellen sind, damit der Gewinn maximal wird. Zu beachten ist hierbei, daß der Preis eines Produktes durch die Marktsituation fest vorgegeben ist und die Maschinenkapazitäten beschränkt sind.

Wir bezeichnen mit x_i die i-te Produktmenge und mit g_i den Gewinn von einer Einheit des i-ten Gutes. Wir machen die Linearitätsannahme, daß der Gesamtgewinn

$$g_1 x_1 + g_2 x_2 + \ldots\ldots + g_n x_n \tag{1}$$

beträgt. Im folgenden soll die Produktion der Güter untersucht werden. Mit a_{ij} bezeichnen wir den (Zeit-) Aufwand der i-ten Maschine, um eine Einheit des j-ten Gutes zu erstellen. Von der i-ten Maschine muß insgesamt der Aufwand

$$a_{i1} x_1 + a_{i2} x_2 + \ldots\ldots + a_{in} x_n$$

erbracht werden, damit die Produktmengen x_1 bis x_n hergestellt werden können (Linearitätsannahme !). Die Kapazität der i-ten Maschine bezeichnen wir mit b_i und erhalten die Relation

$$a_{i1} x_1 + \ldots\ldots\ldots + a_{in} x_n \leq b_i \quad i=1,\ldots,m. \tag{2}$$

Die mathematische Notation des Problems lautet :

a) Die Produktmengen werden in einem Spaltenvektor zusammengestellt:

$$x := \begin{pmatrix} x_1 \\ \vdots \\ x_n \end{pmatrix}$$

b) ebenso die Kapazitäten:

$$b := \begin{pmatrix} b_1 \\ \vdots \\ b_m \end{pmatrix}$$

c) die g_i werden in Form eines Zeilenvektors aufge-
schrieben:

$$g := (g_1, \ldots, g_n)$$

d) die Zahlen a_{ij} werden in einer Matrix festgehalten:

$$A := \begin{pmatrix} a_{11} & \cdots & a_{1n} \\ \vdots & & \\ a_{m1} & \cdots\cdots & a_{mn} \end{pmatrix}$$

Der Term (1) und die Ungleichungen (2) lassen sich
dann in der folgenden Gestalt wiedergeben :

$$g \cdot x$$
$$A \cdot x \leq b$$

Wir stehen somit vor folgendem mathematischen Problem:
Gesucht sind alle x aus $\mathbb{R}^n$, so daß

1. $x \geq 0$
2. $A \cdot x \leq b$
3. $g \cdot x \to Max\ !$

2. Beispiel (Diätenproblem)

Man stelle sich vor, der Chef einer Kantine soll ein
Menü aufstellen. Er hat die Möglichkeit, n verschiedene
Lebensmittel einzukaufen. Sein Ziel ist es, ein möglichst
preiswertes Essen zusammenzustellen, wobei er zu beachten
hat, daß in dem Menü ein Mindestmaß von m verschiedenen

Nährstoffen enthalten ist.

a) *Es sei* $x := (x_1, \ldots, x_n)^T$, *wobei* x_i *(i=1,...,n) die eingekaufte Menge des i-ten Lebensmittels bezeichnet.*

b) *Die Mindestmenge des i-ten Nährstoffes wird mit* b_i *bezeichnet und* $b := (b_1, \ldots, b_m)^T$.

c) *Es sei* $k := (k_1, \ldots, k_n)$, *wobei* k_i *(i=1,...,n) die Kosten von einer Einheit des i-ten Lebensmittels bezeichnet.*

d) *In einer Einheit des k-ten Lebensmittels seien* a_{ik} *Einheiten des i-ten Nährstoffes enthalten. Die* a_{ik} *ordnen wir in einer Matrix an:*

$$A := (a_{ik}) \qquad i = 1, \ldots, m$$
$$k = 1, \ldots, n$$

Die Forderung, daß in dem Menü ein Mindestmaß an Nährstoffen enthalten ist, wird durch die Ungleichung $A \cdot x \geqq b$ *wiedergegeben. Die Kosten betragen* $k \cdot x$.

Wir stehen jetzt vor folgendem Problem:

Gesucht sind alle x aus $\mathbf{R}^n$, *so daß*

$$1. \quad x \geqq 0$$
$$2. \quad A \cdot x \geqq b$$
$$3. \quad k \cdot x \to Min \ !$$

(1) Ein Betrieb stellt zwei Erzeugnisse her, die über
    zwei Maschinen laufen müssen. Eine Mengeneinheit
    des ersten Erzeugnisses nimmt $\frac{1}{2}$ Stunde der ersten
    und 1 Stunde der zweiten Maschine in Anspruch und
    bringt 1o,-- DM Gewinn. Das zweite Erzeugnis er-
    fordert 1 Stunde der ersten und $\frac{1}{2}$ Stunde der zwei-
    ten Maschine und bringt denselben Gewinn. Die Ma-
    schinen haben Kapazitäten von jeweils 3oo Stunden.
    In welchem Umfang müssen die Erzeugnisse produziert
    werden, damit sich ein maximaler Gewinn ergibt ?
    Geben Sie eine mathematische Formulierung des Pro-
    blems an !

(2) In einem Betrieb werden zur Herstellung von Produkten
    P_1 und P_2 zwei Maschinen M_1 und M_2 eingesetzt. Die
    Produktionsdaten können Sie folgender Tabelle entneh-
    men :

		Produkte		Maschinen-kapazitäten
		P_1	P_2	
Maschinen {	M_1	3	1	3o
	M_2	1	2	2o
Gewinne		3	5	

Weiter bestehen die Bedingungen, daß P_1 und P_2 zusammen höchstens in der Menge von 13 Einheiten hergestellt werden können; P_1 andererseits aber auch
mindestens in der Menge von 5 Erzeugniseinheiten.

Geben Sie eine mathematische Formulierung des Problems der Gewinnmaximierung an !

(3) *Ein Betrieb setzt zur Herstellung von zwei Produkten P_1 und P_2 drei Produktionsmittel (wie Maschinen, Rohstoffe, Arbeitskraft) ein. Die Produktionsdaten sind in folgender Tabelle zusammengestellt:*

Einsatzgrößen	Produkte P_1	P_2	Kapazitäten der Einsatzgrößen
A	2	4	2o
B	2	2	12
C	4	o	16
Gewinne	2	3	

Formulieren Sie das Problem der Gewinnmaximierung !

(4) *In einer Viehzuchtwirtschaft ist vorgeschrieben, daß die Nahrungsration für ein Stück Vieh mindestens 6,12,4 Einheiten der Nährstoffe A,B,C enthalten muß. Es stehen zwei Futtersorten zur Verfügung. Je eine Gewichtseinheit dieser Sorten enthält von den einzelnen Nährstoffen folgende Mengen :*

Nährstoffe	Futtersorten 1	2
A	2	1
B	2	4
C	o	4

Die Futtersorten kosten 5 bzw. 6 Geldeinheiten. Wie muß man diese Futtersorten kombinieren, damit die Kosten minimal werden ? Formulieren Sie das Problem mathematisch !

(5) *Es soll das Energienetz eines Gebietes ausgebaut
werden. Dazu kann man zwischen vier Kraftwerkstypen
T_1, T_2, T_3, T_4 auswählen. Die Leistungdaten dieser
Kraftwerke sind in folgender Tabelle dargestellt :*

	T_1	T_2	T_3	T_4
jährliche Ener-gieproduktion	75o	2ooo	8oo	2ooo
tägliches Min-destaufkommen	2	5	1	4
tägliche Maxi-malkapazität	3	7	3	7

*Für das Gesamtgebiet sind eine jährliche Energie-
produktion von 1o.ooo Einheiten, ein tägliches Min-
destaufkommen von 24 Einheiten und die Möglichkeit
zur Abdeckung eines täglichen Spitzenbedarfs von
3o Einheiten zu sichern. Die Baukosten der Kraftwerke
betragen 1oo, 2oo, 5o und 25o Währungseinheiten. Man
hat eine Gesamtinvestitionsmenge von 1ooo Währungseinheiten (=WE) zur Verfügung. Die jährlichen Kosten
sind 3o, 6o, 3o und 7o WE.*

*Der Gesichtpunkt bei der Auswahl soll die Minimierung
der Gesamtkosten bezogen auf ein Jahr sein.
Übersetzen Sie dieses Problem in ein mathematisches
LP - Problem !*

4.1.2. Das allgemeine LP[*)]-Problem

Gesucht sind alle x aus R^n , so daß

1. $x \geq O$

2. $$a_{11}x_1 + \ldots\ldots\ldots + a_{1n}x_n \leq b_1$$

$$\vdots$$
$$=$$
$$\vdots$$

$$a_{i1}x_1 + \ldots\ldots\ldots + a_{in}x_n \geq b_i$$

$$\vdots$$
$$=$$
$$\vdots$$

$$a_{m1}x_1 + \ldots\ldots\ldots + a_{mn}x_n \leq b_m$$

3. $g \cdot x \to Max$! $g = (g_1, \ldots., g_n)$

Definitionen

*Die 1. Bedingung heißt <u>Vorzeichenrestriktion</u>. Die Relationen
in 1. und 2. werden <u>Restriktionssystem</u> genannt. Der Term
g · x heißt <u>Zielfunktion</u> oder Zielwert.*

Merke

*In 2. können sowohl Gleichungen als auch Ungleichungen bei-
derlei Art vorkommen, die man jedoch durch Multiplikation
mit (-1) leicht ineinander überführen kann:*

$$+5x_1 - 7x_2 - 2x_3 \geq -2 \qquad \leftrightarrow \qquad -5x_1 + 7x_2 + 2x_3 \leq 2$$

*Aus einem Minimierungsproblem (Diätenproblem) kann man leicht
ein Maximierungsproblem machen :*

$$k \cdot x \to Min \ ! \quad \leftrightarrow \quad (-k)\cdot x \to Max \ !$$

[*)] *LP = Lineare Programmierung*

<u>*Definitionen*</u>

a) *Der Vektor* x_o *aus* $\mathbb{R}^n$ *heißt* <u>*zulässige Lösung,*</u> *wenn er dem Restriktionssystem genügt.*

b) *Die zulässige Lösung* x_o *heißt* <u>*optimale Lösung,*</u> *falls für jedes zulässige* x *stets* $g \cdot x_o \geq g \cdot x$.

c) *Es sei* x_o *eine optimale Lösung. Dann heißt* $g \cdot x_o$ <u>*Optimum.*</u>

<u>*Aufgaben zu 4.1.2.*</u>

(1) Verwandeln Sie folgendes Problem in ein Maximierungsproblem, in dem nur Ungleichungen des Typs

$$a_{i1}x_1 + \ldots\ldots\ldots + a_{in}x_n \leq b_i \qquad i=1,\ldots,m$$

vorkommen.

$$1. \qquad x \geq 0$$
$$2. \qquad 5x_1 - 7x_2 + 14x_3 \geq -12$$
$$x_1 + x_2 + x_3 \leq -7$$
$$4x_1 - x_2 - x_3 \geq 0$$
$$3. \qquad -x_1 - x_2 - 3x_3 \rightarrow Min \ !$$

(2) Jemand löst ein Minimierungsproblem, indem er es zuerst, wie in 4.1.2. angegeben, in ein Maximierungsproblem umwandelt und folgendes Ergebnis erhält :

optimale Lösung : $\quad \begin{pmatrix} 1 \\ 2 \end{pmatrix}$

Optimum : $\qquad\qquad 24$

Wie lautet die optimale Lösung und das Optimum des ursprünglichen Minimierungsproblems ?

*(3) Prüfen Sie in Aufgaben (1) von 4.1.1., ob die folgen-
den Lösungen zulässig sind :*

$$\begin{pmatrix} 50 \\ 100 \end{pmatrix} , \begin{pmatrix} 100 \\ 200 \end{pmatrix} , \begin{pmatrix} 200 \\ 100 \end{pmatrix} , \begin{pmatrix} 200 \\ 200 \end{pmatrix} , \begin{pmatrix} -100 \\ -100 \end{pmatrix} , \begin{pmatrix} 200 \\ 300 \end{pmatrix}$$

Wie groß ist jeweils der Wert der Zielfunktion ?

(4) Ein Transportproblem:

*Von m Ausgangsorten (i=1,2,...,m), in denen die Mengen
a_i eines Gutes vorrätig sind, sollen n Bestimmungsorte
(j=1,2,...,n) mit den Bedarfsmengen b_j so beliefert
werden, daß die insgesamt entstehenden Transportkosten
möglichst gering ausfallen. Dabei werden die spezifi-
schen Transportkosten c_{ij} vom Ausgangsort i zum Bestimmungsort j (Kosten je transportierte ME) als bekannt vorausgesetzt.*

Formulieren Sie dieses Problem mathematisch !
Treten hierbei Ungleichungen verschiedener Art auf ?

4.2.   Graphisches Lösungsverfahren
4.2.1. Die Bestimmung der zulässigen Lösungen

Im folgenden beschränken wir uns auf den Fall, daß x
aus $\mathbb{R}^2$ ist und bestimmen graphisch alle zulässigen Vektoren.
Durch die Gerade ax + by = c wird die Ebene in zwei
Halbebenen geteilt. Alle Punkte (x,y) einer Halbebene
genügen der Ungleichung ax + by < c; die andere Halbebene ist durch ax + by > c charakterisiert. Um zu
bestimmen, welche Halbebene durch welche Ungleichung
beschrieben wird, setzt man einen Testpunkt - am besten
den Nullpunkt, falls das sinnvoll ist - in die Ungleichung
ein.

1. Beispiel :

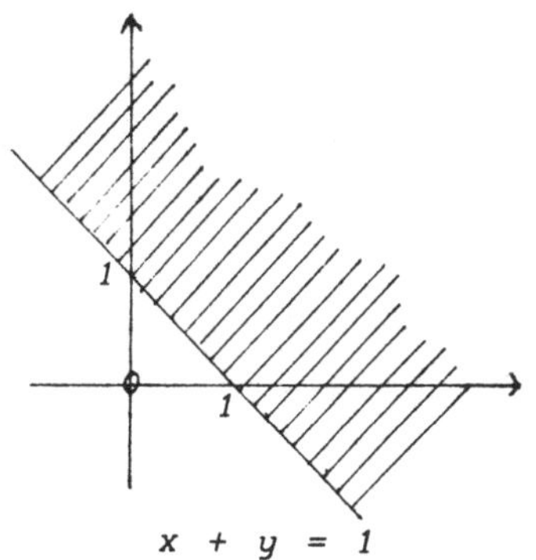

Für den Nullpunkt (o,o) gilt
nicht, daß o + o $\geq$ 1. Also
kann die Halbebene, in welcher
der Nullpunkt liegt, nicht der
Ungleichung genügen. Alle Punkte,
für welche die Beziehung x+y$\geq$1
gilt, liegen auf oder über der
Geraden x + y = 1 .

Die Lösungsmenge eines Systems linearer Ungleichungen ist
dann der Durchschnitt der Halbebenen, die zu den jeweiligen
Ungleichungen gehören.

2. Beispiel :

Gesucht sind alle Lösungen des Restriktionssystems

1. $x \geq 0 , y \geq 0$

2. $-x + 2y \leq 6$

         $2x + y \leq 18$

         $x - y \leq 5$

         $+\frac{3}{4}x + y \geq \frac{11}{2}$

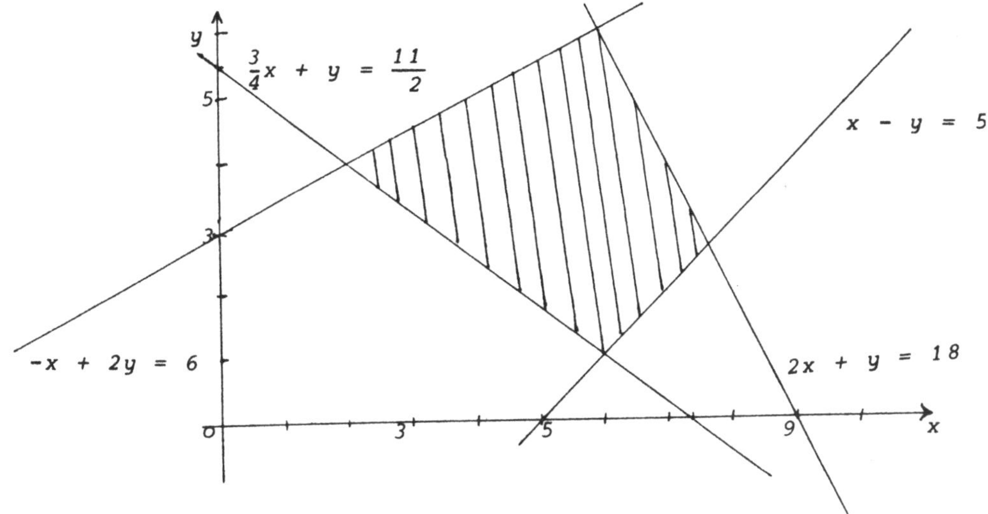

Das schraffierte Viereck, das <u>Simplex</u> genannt wird,

(1) *Bestimmen Sie mit Hilfe des graphischen Lösungs-
verfahrens die zulässigen Lösungen der Aufgabe (1)
aus 4.1.1. !*

(2) *Bestimmen Sie mit Hilfe des graphischen Lösungs-
verfahrens die zulässigen Lösungen der Aufgabe (2)
aus 4.1.1. !*

(3) *Bestimmen Sie graphisch den zulässigen Lösungsbereich der Aufgabe (3) aus 4.1.1. !*

(4) *Bestimmen Sie graphisch den zulässigen Lösungsbereich der Aufgabe (4) aus 4.1.1. !*

(5) *Bestimmen Sie graphisch den zulässigen Lösungsbereich des folgendes Restriktionssystems :*

$$x,y \geq 0$$
$$x + 2y \leq 2$$
$$-2x + 3y \geq 6$$

*Ändert sich dieser Bereich, wenn die erste Bedingung
weggelassen wird ?*

(6) *Bestimmen Sie die zulässigen Lösungen des folgenden
Restriktionssystems :*

$$x - 2y \leq 2$$
$$-2x + y \leq 2$$
$$x \geq 1$$
$$y \geq 1$$

Ist dieser Bereich beschränkt ?

4.2.2. Die Bestimmung der optimalen Lösungen

Unter den in 4.2.1. bestimmten zulässigen Lösungen gilt es diejenigen zu finden, für welche die Zielfunktion

$$ax + by$$

maximal wird. Wir bezeichnen den Zielwert mit z und erhalten

$$ax + by = z \; .$$

Es sei ohne Einschränkung $b \neq 0$. Man erhält dann

$$y = -\frac{a}{b}x + \frac{z}{b} \; .$$

Unter der Voraussetzung, daß b positiv (negativ) ist, wächst der Zielwert genau dann, wenn

$$\frac{z}{b}$$

groß (klein) wird. Man kann daher so verfahren : Eine Gerade mit der Steigung

$$-\frac{a}{b}$$

wird für positives (negatives) b in Richtung der positiven (negativen) y-Achse verschoben, solange noch zulässige Punkte (x,y) auf dieser Geraden liegen. Man erhält dann eine Gerade, für deren Abschnitt s auf der y-Achse gilt:

$$s = \frac{z}{b} \quad \rightarrow \quad z = s \cdot b$$

Beispiel :

Die Zielfunktion sei $-4x - 2y$ und das Restriktionssystem durch das 2. Beispiel in 4.2.1. gegeben.

$$z = -4x - 2y \quad \rightarrow \quad y = -2x + \frac{z}{-2}$$

*Eine Gerade mit der Steigung -2 wird solange in Rich-
tung der negativen y-Achse verschoben, bis sie noch
zulässige "Punkte" besitzt. Man erhält dann folgende
Gerade :*

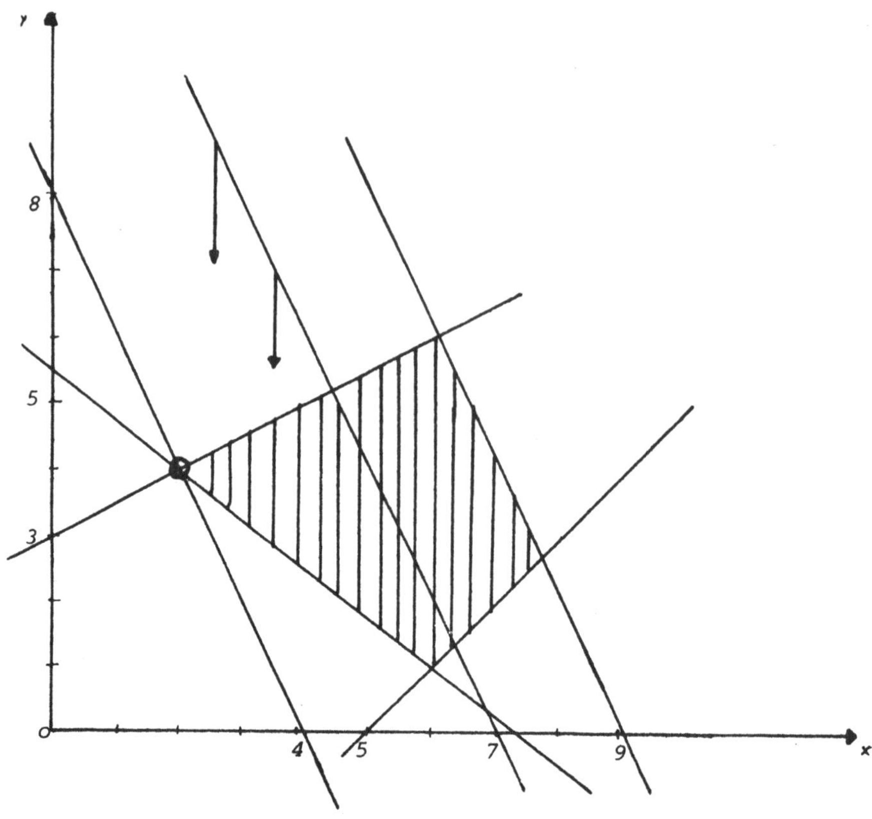

*Der y-Achsenabschnitt ist 8 und das Optimum -16 = -2 · 8 .
Die optimale Lösung ist $(2,4)^T$.*

<u>*Aufgaben zu 4.2.2.*</u>

(1) Bestimmen Sie die optimale Lösung und das Optimum der Aufgabe (1) aus 4.1.1. ! Ist sie eindeutig bestimmt ?

(2) Dieselbe Aufgabe für (2) aus 4.1.1. .

(3) Dieselbe Aufgabe für (3) aus 4.1.1. .

(4) Dieselbe Aufgabe für (4) aus 4.1.1. .

(5) Lösen Sie folgende lineare Optimierungsaufgabe mit Hilfe des graphischen Verfahrens :

$$2x_1 + 3x_2 \leq 6$$
$$x_1 + 4x_2 \leq 4$$
$$x_1, x_2 \geq 0$$

$$z = x_1 + \frac{3}{2}x_2 \to Max \ !$$

Zeigen Sie, daß unendlich viele Optimallösungen existieren !

(6) Lösen Sie graphisch folgende Optimierungsaufgabe :

$$x_1 + 5x_2 \geq 4$$
$$6x_1 + 2x_2 \geq 8$$
$$x_1 + x_2 \leq 4$$
$$x_1 \leq 3$$
$$x_2 \leq 2$$
$$x_1, x_2 \geq 0$$

$$z = 2x_1 + 3x_2 \to Max \ !$$

Minimieren Sie dann dieselbe Zielfunktion unter denselben Restriktionen !

4.2.3. <u>Zur Existenz und Eindeutigkeit der optimalen Lösung</u>

Wenn für das LP - Problem keine zulässige Lösung existiert, so gibt es erst recht keine optimale Lösung (siehe Aufgabe (3) zu 4.2.3.).

Existieren zulässige Lösungen, so gibt es genau zwei Möglichkeiten :
Man kann durch Wahl der zulässigen Lösungen den Zielwert beliebig erhöhen (siehe Aufgabe (5)) oder der Zielwert ist nach oben beschränkt. Im letzten Fall ist die optimale Lösung eindeutig (siehe Aufgabe (2) und (4)) oder es gibt unendlich viele Lösungen (siehe Aufgabe (1)).

<u>Aufgaben zu 4.2.3.</u>

(1) Die Aufgabe (3) aus 4.1.1. hatte, wie in den Lösungen von 4.2.1. gezeigt wurde, eine eindeutig bestimmte optimale Lösung. Bleibt diese Eigenschaft erhalten, wenn beide Produkte pro ME 3 GE (nicht wie dort 2 und 3) Gewinn bringen ?

(2) Zeigen Sie, daß die folgende Optimierungsaufgabe eine einzige zulässige Lösung hat. Ist diese Lösung optimal ?

$$x + 2y \leq 2$$
$$-x + y \geq 1$$
$$x,y \geq 0$$

$$z = x + y \rightarrow Max \ !$$

(3) Ist folgende lineare Optimierungsaufgabe lösbar ?

$$x + y \geqq 2$$
$$-2x + 3y \leqq 6$$
$$2x - y \leqq 2$$
$$x + 2y \leqq 2$$
$$x,y \geqq 0$$

$$z = 4x + y \rightarrow \text{Min !}$$

(4) Konstruieren Sie eine (nicht ganz triviale) lineare Optimierungsaufgabe, welche als zulässige Lösungsmenge ein Parallelogram hat und eindeutig lösbar ist !

(5) Gegeben sei das Restriktionssystem eines LP-Problems:

$$x \geqq 0 \,, \quad y \geqq 0 \qquad 8x + 7y \geqq 49$$
$$4x - 2y \geqq 5$$
$$-2x + 3y \geqq -11$$
$$2x - y \leqq 17$$

Geben Sie die Menge der zulässigen Lösungen graphisch an !

Bestimmen Sie drei Zielfunktionen $ax + by \rightarrow \text{Max !}$, so daß das LP-Problem

a) genau eine optimale Lösung

b) keine optimale Lösung

c) unendlich viele optimale Lösungen

besitzt !

4.3. *Der Simplex - Algorithmus*

4.3.1. *Das Standard-Maximum-Problem und seine ökonomische Interpretation*

Das in 4.1.2. definierte allgemeine LP-Problem heißt Standard-Maximum-Problem, wenn nur Ungleichungen des Typs

$$a_{i1}x_1 + \dots + a_{in}x_n \leq b_i$$

auftreten und die b_i (i=1,...,m) nicht-negativ sind. Man überzeugt sich leicht, daß das in 4.1.1. angeführte Beispiel der Gewinnmaximierung ein Standard-Maximum-Problem ist. Wegen der Wichtigkeit dieses Beispiels und der Anschaulichkeit wegen wollen wir in Zukunft das Standard-Maximum-Problem als Gewinnmaximierungsproblem interpretieren und die folgende Terminologie verwenden:

Für das Standard-Maximum-Problem

1) $x_j \geq 0 \qquad j=1,...,n \quad \rightarrow$

2) $\sum_{j=1}^{n} a_{ij}x_j \leq b_i \qquad i=1,...,m$

3) $\sum_{j=1}^{n} g_j x_j \rightarrow Max\ !$

bezeichnet der Index i Maschinen (Produktionsfaktoren) und j Produkte(Aktivitäten).

$\sum_{j=1}^{n} a_{ij}x_j$ =: **effektive** **Auslastung** *des i-ten Produktionsfaktors*

b_i =: **Kapazität** *des i-ten Faktors*

x_j =: *j-tes Aktivitätsniveau (**Produktmenge**)*

a_{ij} =: *technischer (**Produktions-**) **Koeffizient**, der den Bedarf an Faktor i pro Einheit der j-ten Aktivität angibt*

g_j =: **Gewinn** *(Deckungsbeitrag) je Einheit der j-ten Aktivität*

Beispiel :

*Eine Betriebswirtschaft stellt aus zwei Rohstoffen R_1
und R_2 drei Produkte P_1, P_2 und P_3 her. Die Produktionsdaten kann man aus folgender Tabelle entnehmen :*

	P_1	P_2	P_3	Rohstoffkapazitäten
R_1	2	1	3	1oo
R_2	4	2	1	12o
Gewinne	8	4	6	

*Man erhält das folgende Gewinnmaximierungsproblem:
gesucht sind drei Produktmengen, so daß*

1) $x_1 \geqq 0$, $x_2 \geqq 0$, $x_3 \geqq 0$

2) $2x_1 + x_2 + 3x_3 \leqq 1oo$
    $4x_1 + 2x_2 + x_3 \leqq 12o$

3) $8x_1 + 4x_2 + 6x_3 \rightarrow$ *Max !*

Aufgaben zu 4.3.1.

(1) Geben Sie eine ökonomische Interpretation des folgenden mathematischen Optimierungsproblems :

1) $x_1, x_2, x_3 \geqq 0$
2) $x_1 + 2x_2 + 3x_3 \leqq 75$
    $2x_1 + 3x_2 + x_3 \leqq 75$
    $2x_1 + x_2 + 2x_3 \leqq 6o$

3) $z = 4x_1 + 6x_2 + 5x_3 \rightarrow$ *Max !*

(2) *Verwandeln Sie folgendes Problem in ein Standard-Maximum-Problem :*

1) $\quad x_i \geq 0 \quad i=1,..,4$

2) $\quad 2x_1 - x_3 + x_4 \leq 12$

$\qquad x_1 + x_2 + x_3 - 2x_4 \leq 20$

$\qquad 3x_1 - 2x_2 - 2x_3 - x_4 \geq 0$

3) $\quad z = x_1 - 2x_2 + 2x_3 - x_4 \rightarrow Min \ !$

(3) *Welches der in den Aufgaben zu 4.1.1. angeführten Probleme ist ein Standard-Maximum-Problem ?*

(4) *Aus Blechplatten einer bestimmten Größe sollen drei Metallteile T_1, T_2 und T_3 geschnitten werden. Die vorgeschriebenen Mindestmengen für diese Teile betragen 540, 244 und 400. Für die Blechtafeln existieren die Schnittpläne $z_1, z_2, \ldots, z_8$. Folgende Tabelle gibt die in jedem Zuschnittplan enthaltenen Teile an :*

Zuschnittpläne

Teile	z_1	z_2	z_3	z_4	z_5	z_6	z_7	z_8
T_1	2	2	1	1	–	–	–	–
T_2	1	–	2	1	4	3	2	1
T_3	1	6	3	8	–	5	10	14

In welchen Anzahlen sind die einzelnen Zuschnittpläne zu verwenden, damit das vorgegebene Produktionsprogramm bei minimalem Blechverbrauch erfüllt wird ?

Geben Sie eine mathematische Formulierung dieses Problems an !

Ist das Problem ein Standard-Maximum-Problem ?

4.3.2. Zulässige Gleichungssysteme und Lösungssysteme

Um die Differenz zwischen der effektiven Auslastung

$$\sum_{j=1}^{n} a_{ij} x_j$$

und der Kapazität b_i des Produktionsfaktors zu beschreiben, führt man sogenannte <u>Schlupfvariablen</u> x_{n+i} ein, die nicht-negativ sein müssen:

$$\sum_{j=1}^{n} a_{ij} x_j + x_{n+i} = b_i \qquad i=1,\ldots,m$$

Zusammen mit der Zielfunktion, die wir so schreiben

$$x_o = \sum_{j=1}^{n} g_j x_j \quad ,$$

erhalten wir ein lineares Gleichungssystem:

$$
(*) \qquad
\begin{array}{rcl}
x_o \phantom{{}+{}} + (-g_1)x_1 + \ldots +(-g_n)x_n &=& 0 \\
x_{n+1} \phantom{{}+{}} + a_{11}x_1 + \ldots + a_{1n}x_n &=& b_1 \\
\vdots \vdots \quad \vdots \qquad \vdots \qquad \vdots &\vdots& \vdots \\
x_{n+m} + a_{m1}x_1 + \ldots + a_{mn}x_n &=& b_m \quad ,
\end{array}
$$

das im Sinne folgender Definitionen zulässig ist.

<u>Definition:</u>

Ein kanonisches Gleichungssystem heißt zulässig, wenn ohne Berücksichtigung der Zeile mit der Zielfunktion die rechte Seite nicht-negativ ist.

1. Beispiel:

Aus dem Beispiel in 4.3.1. erhält man folgendes zulässiges Gleichungssystem:

$$x_o \qquad + (-8)x_1 - 4x_2 - 6x_3 = 0$$
$$x_4 \qquad + \;\; 2x_1 + \;\; x_2 + 3x_3 = 100$$
$$x_5 + \;\; 4x_1 + 2x_2 + \;\; x_3 = 120 \; .$$

Die Schlupfvariablen sind x_4 und x_5 .

<u>*Definition:*</u>

Ein zulässiges Gleichungssystem heißt <u>Lösungssystem</u>, wenn die Zeile mit der Zielfunktion nur nicht-negative Koeffizienten enthält.

Der Begriff Lösungssystem erklärt sich aus der Tatsache, daß man aus einm Lösungssystem sofort eine optimale Lösung und das Optimum erhält.

Nehmen wir an, daß wir durch elementare Zeilenumformungen (wie sie in 4.3.3. vorgenommen werden) das obige Gleichungssystem (*) in ein Lösungssystem überführen können. Dieses hat dann (gegebenenfalls durch Umnummerieren der Variablen) folgendes Aussehen :

$$
\begin{aligned}
x_o \qquad\quad &+ d_{o1}x_{m+1} + \ldots + d_{on}x_n = e_o \\
x_1 \qquad\quad &+ d_{11}x_{m+1} + \ldots + d_{1n}x_n = e_1 \\
&\;\;\vdots \\
x_m &+ d_{m1}x_{m+1} + \ldots + d_{mn}x_n \doteq e_m
\end{aligned}
$$

Dann ist, wie man sich leicht überlegt, die folgende Lösung optimal und e_o das Optimum :

$$
\begin{aligned}
x_1 &= e_1 \\
x_2 &= e_2 \\
&\vdots \\
x_m &= e_m \\
x_{m+1} = x_{m+2} &= \ldots = x_n = 0
\end{aligned}
$$

2. Beispiel :

Nach einigen Umformungen, die in 4.3.3. vorgenommen werden, erhält man aus dem zulässigen Gleichungssystem des 1. Beispiels das folgende Lösungssystem :

$$x_0 \qquad + 0x_2 + \frac{8}{5}x_4 + \frac{6}{5}x_5 = 304$$
$$x_3 \qquad + 0x_2 + \frac{2}{5}x_4 - \frac{1}{5}x_5 = 16$$
$$x_1 + \frac{1}{2}x_2 - 10x_4 + \frac{3}{10}x_5 = 26$$

Eine optimale Lösung ist :

$$x_1 = 26$$
$$x_2 = 0$$
$$x_3 = 16$$
$$x_4 = 0$$
$$x_5 = 0$$

und das Optimum ist 304.

Das Aufsuchen von Lösungssystemen ist durch den Lehrsatz "Es gibt genau dann eine optimale Lösung, wenn das Gleichungssystem (*) in ein Lösungssystem überführt werden kann" gerechtfertigt.

(1) Führen Sie in dem folgenden Standard-Maximum-Problem Schlupfvariable ein und geben Sie das dadurch entstehende zulässige Gleichungssystem an !

1) $x_1 \geqq 0, \quad x_2 \geqq 0$

2) $\quad x_1 - x_2 \leqq 2$

$\quad 2x_1 + x_2 \leqq 6$

3) $x_0 = 4x_1 + 2x_2 \rightarrow Max$!

(2) Geben Sie an, ob die drei folgenden Gleichungssysteme kanonische oder zulässige Gleichungssysteme sind und ob ein Lösungssystem vorliegt :

a)
$$x_0 - x_1 + x_2 \qquad\qquad = 14$$
$$x_1 - 2x_2 + x_3 \quad = -1$$
$$2x_1 + x_2 \quad + x_4 = 0$$

b)
$$x_0 + 2x_3 + 2x_4 = -17$$
$$x_1 + 4x_3 - 7x_4 = 0$$
$$x_2 - x_3 - x_4 = 4$$

c)
$$x_0 + x_1 \qquad + 2x_3 \qquad - x_5 = -7$$
$$2x_1 + x_2 - 4x_3 \qquad + x_5 = 1$$
$$-x_1 \qquad + 2x_3 + x_4 - x_5 = 6$$

4.3.3. Das Flußdiagramm des Simplex-Algorithmus

Wir gehen von einem zulässigen Gleichungssystem, wie es in 4.3.2. beschrieben ist, aus. Die obere Zeile enthält die Zielfunktion; sie wird gesondert betrachtet und als nullte Zeile bezeichnet. Es bezeichnet a_{ij} wieder den Koeffizienten in der i-ten Zeile vor der j-ten Variablen.

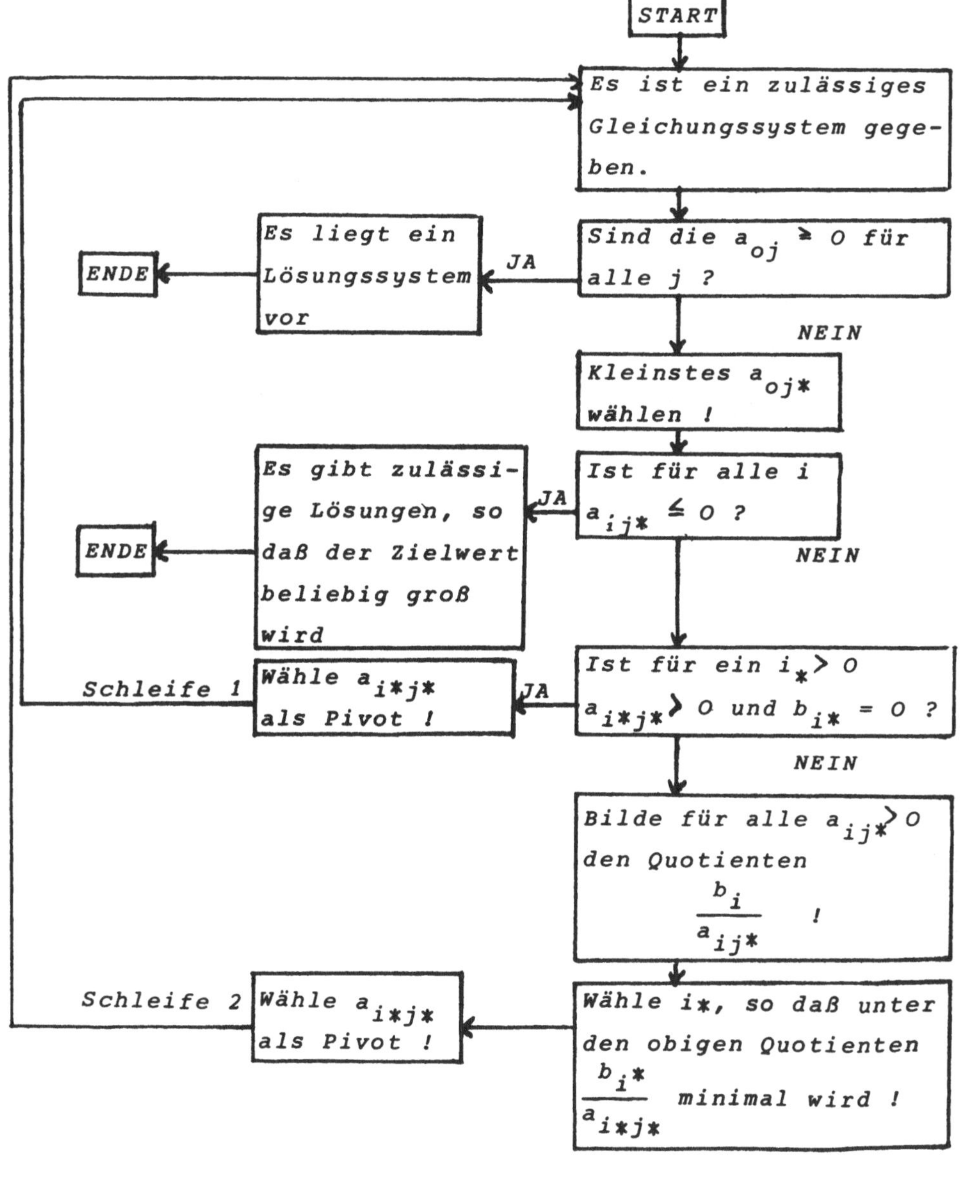

Man kann sich leicht überlegen, daß es unmöglich ist,
die 2. Schleife unendlich oft zu durchlaufen. Dagegen
ist es möglich, daß man die 1. Schleife beliebig oft
wiederholt. Dieser Fall ("Kreisen beim Simplexalgorith-
mus") ist jedoch sehr unwahrscheinlich.

Beispiel:
Es ist das folgende zulässige Gleichungssystem aus dem
1. Beispiel von 4.3.2. gegeben :

$$x_0 - 8x_1 - 4x_2 - 6x_3 \qquad\qquad = \quad 0$$
$$2x_1 + x_2 + 3x_3 + x_4 = 100$$
$$\boxed{4x_1} + 2x_2 + x_3 + x_5 = 120$$

Der kleinste negative Koeffizient der nullten (oberen)
Zeile ist -8 . Von den beiden Quotienten

$$\frac{100}{2} \qquad und \qquad \frac{120}{4}$$

ist $\frac{120}{4}$ *der kleinere. Demnach ist an der eingekreisten*
Stelle zu pivotisieren und man erhält

$$x_0 \qquad\qquad - 4x_3 \qquad + 2x_5 = 240$$
$$\frac{5}{2}x_3 + x_4 - \frac{1}{2}x_5 = 40$$
$$x_1 + \frac{1}{2}x_2 + \frac{1}{4}x_3 \qquad + \frac{1}{4}x_5 = 30$$

Jetzt ist der einzige negative Koeffizient -4, und von
$\frac{80}{5}$ *und 120 ist* $\frac{80}{5}$ *die kleinere Zahl. Pivotisiert man den*
eingekreisten Koeffizienten, so erhält man

$$x_0 \qquad\qquad + \frac{8}{5}x_4 + \frac{6}{5}x_5 = 304$$
$$x_3 + \frac{2}{5}x_4 - \frac{1}{5}x_5 = 16$$
$$x_1 + \frac{1}{2}x_2 \qquad - \frac{1}{10}x_4 + \frac{3}{10}x_5 = 26$$

120

*(1) Lösen Sie die Aufgabe (1) aus 4.3.2. mit Hilfe
des Simplexalgorithmus und geben Sie die optimale
Lösung und das Optimum an !*

*(2) Lösen Sie folgendes Standard-Maximum-Problem, in-
dem Sie zunächst Schlupfvariable einführen und das
so erhaltene zulässige Gleichungssystem mit Hilfe
des Flußdiagramms bearbeiten !*

1) $\quad x_1 \geq 0, \quad x_2 \geq 0$

2) $\quad -x_1 + x_2 \leq 1$

$\quad\quad\quad x_1 - x_2 \leq 1$

3) $\quad x_0 = x_1 + x_2 \rightarrow Max !$

 Das Simplex - Tableau

Das Simplex - Tableau stellt eine technische Vereinfachung der Schreibweise dar, die durch Weglassen der
Variablen, der Gleichheits- und der Additionszeichen
entsteht. Das Beispiel in 4.3.3. schreibt sich dann so :

1	2	3	4	5	i / b_i	$\dfrac{b_i}{a_{ij}}$
-8 *	-4	-6	o	o	o	
2	1	3	1	o	1oo	1oo:2=5o
$\boxed{4}$	2	1	o	1	12o	12o:4=3o
o	o	-4*	o	2	24o	
o	o	$\boxed{\dfrac{5}{2}}$	1	$-\dfrac{1}{2}$	4o	$4o:\dfrac{5}{2}=16$
1	$\dfrac{1}{2}$	$\dfrac{1}{4}$	o	$\dfrac{1}{4}$	3o	$3o:\dfrac{1}{4}=12o$
o	o	o	$\dfrac{8}{5}$	$\dfrac{6}{5}$	3o4	
o	o	1	$\dfrac{2}{5}$	$-\dfrac{1}{5}$	16	
1	$\dfrac{1}{2}$	o	$-\dfrac{1}{1o}$	$-\dfrac{3}{1o}$	26	

Im folgenden wird stets von dieser Vereinfachung Gebrauch gemacht.

<u>**Aufgaben zu 4.3.4.**</u>

Lösen Sie die folgenden Optimierungsprobleme mit
Hilfe des Simplexalgorithmus und der Tableau - Schreib-
weise !

(1)   1. $x_1, x_2 \geqq 0$

   2. $x_1 + x_2 \leqq 2$
      $3x_1 + x_2 \leqq 3$

   3. $x_0 = 5x_1 + 3x_2 \;\rightarrow\; Max\ !$

(2)   1. $x_i \geqq 0$ $i = 1, 2, 3, 4$

   2. $x_1 \qquad\quad + 2x_3 + x_4 = 10$
      $\qquad x_2 + x_3 + 3x_4 = 3$

   3. $x_0 = 3x_1 + x_2 - 2x_3 + 5x_4 \;\rightarrow\; Min\ !$

(3)   *Lösen Sie das folgende Standard-Maximum-Problem*

   1. $x_1, x_2 \geqq 0$

   2. $x_1 + 2x_2 \leqq 2$
      $2x_1 + x_2 \leqq 2$

   3. $x_0 = x_1 + x_2 \;\rightarrow\; Max\ !$

und vergleichen Sie Ihren Lösungsweg mit dem
folgenden Rechengang :

Basis	Nichtbasis		
	x_1	x_2	
x_3	1	2	2
x_4	②	1	2
	-1	-1	0

$\dfrac{2}{2} < \dfrac{2}{1}$

$\longrightarrow$

	x_4	x_2	
x_3	$-\frac{1}{2}$	$\frac{3}{2}$	1
x_1	$\frac{1}{2}$	$\frac{1}{2}$	1
	$\frac{1}{2}$	$-\frac{1}{2}$	1

$1 : \dfrac{3}{2} < 1 : \dfrac{1}{2}$

	x_4	x_3	
x_2	$-\frac{1}{3}$	$\frac{2}{3}$	$\frac{2}{3}$
x_1	$\frac{2}{3}$	$-\frac{1}{3}$	$\frac{2}{3}$
x_0	$\frac{1}{3}$	$\frac{1}{3}$	$\frac{4}{3}$

optimale Lösung:

$$x_1 = x_2 = \frac{2}{3}$$

Optimum: $\frac{4}{3}$

(4) **Lösen Sie das folgende LP-Problem**

1. $x_i \geq 0 \quad i=1,\ldots,5$

2. $\begin{aligned} 2x_1 + x_2 + 3x_3 + x_4 \quad\quad &= 100 \\ 4x_1 + 2x_2 + x_3 \quad\quad + x_5 &= 120 \end{aligned}$

3. $x_0 = 8x_1 + 4x_2 + 6x_3 \rightarrow \text{Max} !$

in Analogie zu dem in Aufgabe (3) angegebenen Lösungsweg !

4.3.5. Bemerkungen zur Existenz und Eindeutigkeit der optimalen Lösung

Beim Standard-Maximum-Problem gibt es stets eine zulässige Lösung, nämlich den Nullvektor. Es kann jetzt der theoretisch mögliche Fall eintreten, daß es zulässige Lösungen gibt, so daß das Optimum (d.h. der Gewinn beim Gewinnmaximierungsproblem) beliebig groß wird. Diese Möglichkeit ist aber beim praktischen ökonomischen Problem sinnlos. Dagegen ist die Eindeutigkeit der optimalen Lösung auch bei ökonomisch sinnvollen Problemen nicht immer gewährleistet :

Beispiel:

Betrachten wir das "Endtableau" in 4.3.4. und pivotisieren wir dann den eingekreisten Koeffizienten :

$$x_0 \qquad\qquad + \tfrac{8}{5}x_4 + \tfrac{6}{5}x_5 = 304$$

$$x_3 \qquad\qquad + \tfrac{2}{5}x_4 - \tfrac{1}{5}x_5 = 16$$

$$x_1 + \boxed{\tfrac{1}{2}x_2} \qquad - \tfrac{1}{10}x_4 + \tfrac{3}{10}x_5 = 26$$

$$x_0 \qquad\qquad + \tfrac{8}{5}x_4 + \tfrac{6}{5}x_5 = 304$$

$$x_3 \qquad\qquad + \tfrac{1}{5}x_4 - \tfrac{1}{5}x_5 = 16$$

$$x_2 + 2x_1 \qquad - \tfrac{1}{5}x_4 + \tfrac{3}{5}x_5 = 52$$

Eine optimale Lösung ist daher
$$x_1 = 0$$
$$x_2 = 52$$
$$x_3 = 16$$
$$x_4 = 0$$
$$x_5 = 0$$

(1) Untersuchen Sie folgendes Optimierungsproblem auf Existenz und Eindeutigkeit der Lösungen :

1. $x_1, x_2 \geqq 0$

2. $x_1 - x_2 \leqq 1$
   $-2x_1 + x_2 \leqq 2$

3. $x_0 = x_1 + 4x_2 \to Max\ !$

(2) Es sei ein Standard-Maximum-Problem

1. $x \geqq 0$
2. $A \cdot x \leqq b$
3. $g \cdot x \to Max\ !$

gegeben und $x_1,\ x_2,\ \ldots ,x_m$ seien optimale Lösungen. Zeigen Sie, daß die Linearkombination

$$t_1 x_1 + t_2 x_2 + \ldots + t_m x_m \text{ mit } t_i \geqq 0\ (i=1,\ldots,m)$$

und $\quad t_1 + t_2 + \ldots + t_m = 1$

wieder eine optimale Lösung ist!

4.3.6. <u>Lösung eines allgemeinen linearen LP - Problems</u>

*Nachdem in 4.3. bisher lediglich die Lösung eines Stan-
dard-Maximum-Problems diskutiert wurde, soll der in 4.1.2.
definierte allgemeine Fall besprochen werden. Zunächst
können wir davon ausgehen, daß die b_i der Ungleichungen,
die im zweiten Punkt in 4.1.2. aufgeführt werden, nicht-
negativ sind (wenn nicht, so multipliziere man die entsprechende Ungleichung mit -1). Durch Einführen von
nicht-negativen <u>Schlupfvariablen</u> werden die Ungleichungen
in 2. in Gleichungen übergeführt :*

$$\sum_{j=1}^{n} a_{ij}x_j \leq b_i \qquad ergibt \qquad \sum_{j=1}^{n} a_{ij}x_j + y_i = b_i$$

$$\sum_{j=1}^{n} a_{kj}x_j \geq b_k \qquad ergibt \qquad \sum_{j=1}^{n} a_{kj}x_j - y_k = b_k$$

Die Schlupfvariablen sind y_i und y_k .

1. Beispiel:

   Das Restriktionssystem sei

1. $x_1, x_2 \geq 0$

2. $8x_1 + 7x_2 \geq 49$ *Das ergibt* $8x_1 + 7x_2 - x_3 = 49$

     $-2x_1 + 3x_2 \geq -11$ *Das ergibt* $2x_1 - 3x_2 + x_4 = 11$

*Die Schlupfvariablen sind x_3 und x_4. (Die zweite Unglei-
chung wurde mit (-1) multipliziert.)*

*Im allgemeinen erhält man nach Einführen von Schlupfvaria-
blen kein zulässiges Gleichungssystem. Um dennoch zu einem
solchen zu gelangen, werden sogenannte <u>künstliche Variablen</u>
eingeführt. In eine Zeile wird genau dann eine künstliche
Variable eingeführt, wenn folgendes der Fall ist :*

*Die Zeile hat keine Variable mit dem Koeffizienten +1,
die in einer anderen Zeile nochmals vorkommt.*

*Man führt dann eine sogenannte <u>künstliche Zielfunktion</u>
ein,die nach Definition gleich der negativen Summe der
künstlichen Variablen ist. Diese neue Zielfunktion
wird sodann unter der Restriktion, daß sämtliche Variablen nicht-negativ sind, und des erhaltenen zulässigen
Gleichungssystems maximiert (<u>1. Phase</u>).*

2. Beispiel :

Das Gleichungssystem des ersten Beispiels bekommt
die künstliche Variable x_5 und die künstliche Zielfunktion $x_0 = -x_5$:

$$
\begin{aligned}
x_0 \qquad\qquad\qquad\qquad\quad\; + x_5 &= 0 \\
8x_1 + 7x_2 - x_3 \qquad\quad + x_5 &= 49 \\
2x_1 - 3x_2 \qquad\quad + x_4 \qquad &= 11
\end{aligned}
$$

Man erhält dann das zulässige Gleichungssystem

$$
\begin{aligned}
x_0 - 8x_1 - 7x_2 + x_3 \qquad\qquad &= -49 \\
8x_1 + 7x_2 - x_3 \qquad\quad + x_5 &= 49 \\
2x_1 - 3x_2 \qquad\quad + x_4 \qquad &= 11 \quad ,
\end{aligned}
$$

das durch Subtrahieren der ersten von der nullten
Zeile entstand.

*Das Optimum der künstlichen Zielfunktion ist genau dann
Null, wenn alle künstlichen Variablen den Wert 0 haben.
In diesem Fall kann man die künstlichen Variablen streichen. Man erhält dann ein kanonisches Gleichungssystem,
bei dem die rechte Seite nicht-negativ ist. Nimmt man
jetzt die ursprüngliche Zielfunktion hinzu, so erhält
man leicht ein zulässiges Gleichungssystem, und die*

2. Phase kann beginnen: *Man versucht die ursprüngliche Zielfunktion zu maximieren.*

3. Beispiel:

Wendet man den Simplexalgorithmus auf das im zweiten Beispiel angeführte LP-Problem an, so erhält man

$$x_0 \qquad\qquad\qquad\qquad\qquad + \; x_5 = 0$$
$$x_2 - \frac{1}{19}x_3 - \frac{4}{19}x_4 + \frac{1}{19}x_5 = \frac{5}{19}$$
$$x_1 \qquad - \frac{3}{38}x_3 + \frac{7}{38}x_4 + \frac{3}{38}x_5 = \frac{224}{38} \quad .$$

Durch Streichen der künstlichen Variablen und der künstlichen Zielfunktion ergibt sich

$$x_1 \qquad - \frac{3}{38}x_3 + \frac{7}{38}x_4 \quad = \quad \frac{224}{38}$$
$$x_2 - \frac{1}{19}x_3 - \frac{4}{19}x_4 \quad = \quad \frac{5}{19} \quad . \qquad (*)$$

Die ursprüngliche Zielfunktion sei

$$x_0 = 2x_1 - x_2 \rightarrow Max \; !$$

Zusammen mit dem Gleichungssystem (*) erhält man

$$x_0 \qquad\qquad -\frac{2}{19}x_3 + \frac{11}{19}x_4 = \frac{219}{19}$$
$$x_1 \qquad -\frac{3}{38}x_3 + \frac{7}{38}x_4 = \frac{224}{38}$$
$$x_2 -\frac{1}{19}x_3 - \frac{4}{19}x_4 = \frac{5}{19} \quad .$$

Man kann zeigen, daß das Verschwinden der künstlichen Variablen (d.h. der Zielwert der künstlichen Zielfunktion ist Null) mit der Existenz einer zulässigen Lösung für das Restriktionssystem äquivalent ist. Falls der optimale Zielwert der künstlichen Zielfunktion negativ ist, gibt es keine zulässige und damit keine optimale Lösung und das Verfahren kann abgebrochen werden.

Lösen Sie die folgenden linearen Optimierungsaufgaben
mit Hilfe der 2-Phasen-Methode. Zunächst sind Schlupf-
bzw. künstliche Variablen einzuführen.

(1) 1. $x_1, x_2 \geq 0$

    2. $-x_1 + 3x_2 \geq 3$

        $x_1 + x_2 \leq 2$

    3. $x_0 = 6x_1 + x_2 \rightarrow$ Max !

(2) 1. $x_i \geq 0 \qquad i = 1,2,3$

    2. $2x_1 + 2x_2 - x_3 \geq 2$

        $3x_1 - 4x_2 \qquad \geq 3$

    3. $x_0 = 5x_1 + 2x_2 + 3x_3 \rightarrow$ Min !

(3) 1. $x_i \geq 0 \qquad i = 1,\ldots,5$

    2. $x_1 + x_2 \qquad\qquad\qquad \geq 1000$

        $x_1 \qquad + 2x_3 + x_4 \qquad \geq 2000$

        $x_2 + x_3 + 2x_4 + 4x_5 \geq 3200$

    3. $x_0 = x_1 + x_2 + x_3 + x_4 + x_5 \rightarrow$ Min !

(4) 1. $x_i \geq 0 \qquad i = 1,\ldots,5$

    2. $2x_1 + x_2 - x_4 \leq 1$

        $-2x_1 - x_2 + 5x_4 - x_5 \leq 1$

        $2x_2 + x_3 + x_4 - x_5 = 1$

        $2x_1 + x_2 + 3x_4 - x_5 = 4$

    3. $x_0 = 3x_1 + 5x_2 + 2x_4 - x_5 \rightarrow$ Max !

4.4. Dualitätstheorie

4.4.1. Der Dualitätsbegriff

In dem ersten Beispiel von 4.1.1. ging es darum, mit
fest vorgegebenen Mitteln (Kapazitäten) maximales (Gewinn) zu erreichen, wogegen im zweiten Beispiel ein fest
vorgegebenes Ziel (Ernährung) mit minimalen Mitteln
(Kosten) verwirklicht werden sollte.

Diese beiden Probleme sind im Sinne der folgenden Definition zueinander dual.

Definition:

Es sei ein Maximum-Problem gegeben :
gesucht sind alle y aus $\mathbb{R}^n$, so daß

1. $x \geqq 0$
2. $A \cdot x \leqq b$ A ist eine Matrix vom Typ (m,n)
3. $g \cdot x \to Max$! $g := (g_1, \ldots , g_n)$

Das Minimum-Problem laute:
gesucht sind alle x aus $\mathbb{R}^n$, so daß

1. $y \geqq 0$
2. $A^T \cdot y \geqq g^T$
3. $b^T \cdot y \to Min$!

Die beiden LP-Probleme heißen zueinander <u>dual</u>. Das Problem,
das man zuerst betrachtet oder das einem am wichtigsten er-
scheint, wird <u>primales</u> Problem genannt.

Beispiel:

Das primale Problem lautet:
gesucht sind alle y aus R^4, so daß

1. $y \geqq 0$

2.
$$\begin{pmatrix} -\frac{3}{4} & -1 & 2 & 1 \\ -1 & 2 & 1 & -1 \end{pmatrix} \cdot y \geqq \begin{pmatrix} -4 \\ -2 \end{pmatrix}$$

3.
$$\left(-\frac{11}{2},\ 6,\ 18,\ 5\right) \cdot y \;\rightarrow\; Min \; !$$

Das hierzu duale Problem ist dann das folgende:
gesucht sind alle x aus R^2, so daß

1. $x \geqq 0$

2.
$$\begin{pmatrix} -\frac{3}{4} & -1 \\ -1 & 2 \\ 2 & 1 \\ 1 & -1 \end{pmatrix} \cdot x \;\leqq\; \begin{pmatrix} -\frac{11}{2} \\ 6 \\ 18 \\ 5 \end{pmatrix}$$

3. $(-4,-2) \cdot x \;\rightarrow\; Max \; !$

Aufgaben zu 4.4.1.

(1) Bilden Sie die zur folgenden Aufgabe duale Aufgabe:

1. $x_1, x_2 \geqq 0$

2. $x_1 + 2x_2 \geqq 3$
   $2x_1 + x_2 \geqq 3$

3. $x_0 = x_1 + x_2 \rightarrow Min \; !$

Lösen Sie beide Aufgaben graphisch! Was stellen Sie
fest ?

(2) Bilden Sie die Dualaufgabe zur folgenden Aufgabe :

1. $x_i \geq 0 \qquad i=1,2,3,4$

2. $2x_1 + x_2 - 2x_3 + 3x_4 \geq 0$
    $x_1 - x_2 - x_3 + 2x_4 \geq 1$
    $-x_1 + 2x_2 + 2x_3 + x_4 \geq 4$

3. $x_0 = x_1 + 2x_2 + 2x_3 + x_4 \to$ Min !

Dann bilden Sie die Dualaufgabe zu der oben gebilde-
ten Dualaufgabe ! Was stellen Sie fest ?

(3) Können Sie sich vorstellen, daß eine Primalaufgabe
*   mit der dualen Aufgabe übereinstimmt, also dual zu*
*   sich selbst ist ?*
*   Wenn ja, geben Sie ein Beispiel an !*

4.4.2. Der Dualitätssatz

Es sei $Z := \{x \varepsilon R^n \mid x \geq 0,\ A \cdot x \leq b\}$ *und* $Z^* := \{y \varepsilon R^m \mid y \geq 0,$
$A^T y \geq g^T\}$. *Z und Z^* sind also die Mengen der zulässigen*
Lösungen der zueinander dualen Probleme aus 4.4.1. .

Dualitätssatz

Die Mengen Z und Z^* seien beide nicht leer. Dann sind die
zueinander dualen Probleme lösbar, und die optimalen Ziel-
werte stimmen überein. Ist eine der beiden Mengen leer, so
sind beide Probleme unlösbar.

Beispiel:

Das im Beispiel von 4.4.1. angeführte duale Problem wurde
im Beispiel von 4.2.2. gelöst. Das Optimum war -16. Das
Optimum des primalen Minimalproblems ist wegen des Duali-
tätssatzes auch -16 .

(1) Gegeben sei die folgende Optimierungsaufgabe:

1. $x_1, x_2, x_3 \geq 0$

2. $x_1 - x_2 - x_3 \leq 2$
   $x_1 + x_2 - 2x_3 \leq 3$

3. $x_0 = x_1 + x_2 - x_3 \rightarrow Max\ !$

Bearbeiten Sie die Dualaufgabe ! Was können Sie daraus über die Primalaufgabe aussagen ?

(2) Es ist das folgende LP-Problem gegeben :

1. $x, y \geq 0$

2. $-x + y \leq 1$
   $x + y \leq 3$

3. $x_0 = 2x + y \rightarrow Max\ !$

Wie heißt das lineare duale Problem ? Bestimmen Sie zeichnerisch das Optimum des dualen und des primalen Problems und verifizieren Sie hierbei den Dualitätssatz !

Es sei A eine (m,n)-Matrix. Wir bezeichnen mit a_i bzw.
a^j die i-te Zeile bzw. die j-te Spalte der Matrix.

Gleichgewichtssatz

Es sei wie in 4.4.2. $\mathbf{L}$ bzw. $\mathbf{L}^*$ die Menge der zulässigen
Lösungen des primalen bzw. des dualen Problems. Dann sind
die folgenden Aussagen äquivalent :

(1) $x_o = (x_1, \ldots, x_n)^T$ ist eine optimale Lösung des primalen und
$y_o = (y_1, \ldots, y_m)^T$ eine optimale Lösung des dualen
Problems.

(2) Für i aus $\{1,\ldots,n\}$ und j aus $\{1,\ldots,m\}$ hat die Ungleichung
$$a_i \cdot x < b_i \qquad \text{die Gleichung} \quad y_i = 0$$
$$a^j \cdot y > g_j \qquad \text{die Gleichung} \quad x_j = 0$$
zur Folge.

Der Name "Gleichgewichtssatz" erklärt sich aus der ökonomischen Interpretation dieses Satzes, worauf hier nicht
eingegangen wird.
Der Gleichgewichtssatz eröffnet uns eine Möglichkeit, aus
der optimalen Lösung eines primalen Problems die des dualen zu berechnen.

Beispiel:

Wir diskutieren wieder das im Beispiel von 4.4.1. angeführte Paar dualer LP-Probleme. Hiervon wurde das duale
Problem in 4.2.2. zeichnerisch gelöst. Die optimale Lösung war $(2,4)^T$ und -16 das Optimum. Setzt man die optimale Lösung in das Restriktionssystem ein, so erhält man:

$$-\frac{3}{4} \cdot 2 \quad - \quad 4 \quad = \quad -\frac{11}{2}$$

$$-2 \quad + \quad 8 \quad = \quad 6$$

$$2 \cdot 2 + 4 \quad < \quad 18$$

$$2 - 4 \quad < \quad 5$$

Es sei $y' = (y_1', y_2', y_3', y_4')$ eine optimale Lösung des primalen Problems. Aus dem Gleichgewichtssatz und aus den obigen Beziehungen folgt:

$$2 \cdot 2 + 4 \; < \; 18 \; \rightarrow \; y_3' = 0$$
$$2 - 4 \; < \; 5 \; \rightarrow \; y_4' = 0 \qquad (1)$$

Die optimale Lösung y' muß den Restriktionen

$$-\frac{3}{4}y_1' \; - \; y_2' + 2y_3' + y_4' \; \geq \; -4$$
$$-y_1' + 2y_2' + y_3' - y_4' \; \geq \; -2 \qquad (2)$$

genügen. In diesen Restriktionen ist die Beziehung ">" ausgeschlossen, denn aus dem Gleichgewichtssatz würde sonst folgen, daß die Komponente einer optimalen Lösung des dualen Problems verschwindet, was aber nicht der Fall ist. Aus (1) und (2) folgt mit dieser Überlegung

$$-\frac{3}{4}y_1' \; - \; y_2' = -4$$
$$-y_1' + 2y_2' = -2 \; .$$

Dieses Gleichungssystem liefert $y_1' = 4$, $y_2' = 1$. Setzt man die optimale Lösung $(4,1,0,0)$ in die Zielfunktion ein, so erhält man -16 als Optimum, was wegen des Dualitätssatzes zu erwarten war.

(1) Lösen Sie die erste Aufgabe aus 4.4.1. mit Hilfe des Gleichgewichtssatzes, indem Sie ausgehend von der optimalen Lösung des primalen Problems die optimale Lösung des dualen Problems berechnen !

(2) Bilden Sie die zur folgenden Aufgabe gehörige Dualaufgabe:

1. $x_i \geqq 0 \quad i=1,\ldots,5$

2.
$$\begin{aligned}
x_1 - 6x_2 - x_3 + x_4 \quad\quad\quad &\geqq 2 \\
x_1 - 2x_2 - 5x_3 \quad\quad + x_5 &\geqq 3
\end{aligned}$$

3. $x_0 = 4x_1 - 8x_2 - 4x_3 + 3x_4 + 2x_5 \rightarrow Min$!

Lösen Sie die Dualaufgabe graphisch ! Können Sie mit Hilfe des Gleichgewichtssatzes die Primalaufgabe lösen ?

(3) Bilden Sie die zur folgenden Aufgabe gehörende Dualaufgabe:

1. $x_i \geqq 0 \quad i=1,2,3,4,5$

2.
$$\begin{aligned}
x_1 + x_2 \quad\quad\quad\quad\quad\quad\quad &\geqq 1000 \\
x_1 \quad\quad + 2x_3 + x_4 \quad\quad &\geqq 2000 \\
x_2 + x_3 + 2x_4 + 4x_5 &\geqq 3200
\end{aligned}$$

3. $x_0 = x_1 + x_2 + x_3 + x_4 + x_5 \rightarrow Min$!

Wie können Sie diese Aufgabe bzw. die Dualaufgabe ökonomisch interpretieren ? Ist die Dualaufgabe lösbar ?

Wenn ja, können Sie den Optimalwert der dualen Zielfunktion berechnen, ohne die Dualaufgabe zu lösen ? Können Sie die Dualaufgabe mit Hilfe des Gleichgewichtssatzes lösen ?

<u>**Lösungen zu 1.1.1.**</u>

(1) Das Gleichungssystem a) ist linear, denn es läßt sich in
die Gestalt

$$4u-3v=2u+7 \qquad\qquad 2u-3v=7$$
$$6v-7u=4u-1 \qquad\qquad -11u+6v=-1$$

bringen. Das Gleichungssystem b) ist nicht linear, weil ein
Produkt "uv" von Variablen vorkommt.

(2) Die Koeffizientenmenge ist
$$\{4,-2,3,-4,7,1,-1,0,-8\}$$

(3) 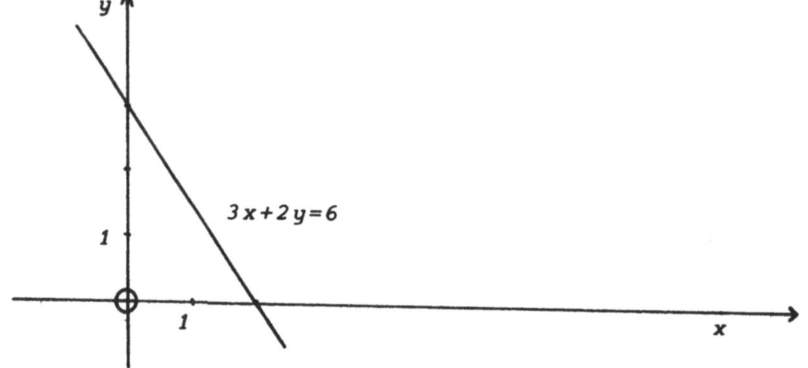

a) Man erhält eine Gerade.

b) Ein System von linearen Gleichungen mit zwei Variablen
kann als ein System von Geraden (Linien) interpretiert
werden.

(4) $a_{12}=-2$, $a_{22}=1$, $a_{24}=-1$, $a_{32}=0$

<u>*Lösungen zu 1.1.2.*</u>

(1) a) Als Aufsuchen von Schnittpunkten der Geraden.

b) Es gibt keinen Schnittpunkt, wenn die Geraden parallel sind. Falls die Geraden sich schneiden, dann entweder in genau einem Punkt oder in beliebig vielen, wenn sie zusammenfallen. Das Gleichungssystem hat also keine Lösung oder eine oder beliebig viele.

(2) a) $4x+6y=7$ keine Lösung
$8x+12y=15$

b) $4x+6y=7$ $x=\dfrac{13}{4}$ *einzige Lösung*
$8x+10y=16$ $y=-1$

c) $4x+6y=7$ *Man wähle y beliebig und*
$8x+12y=14$ $x=\dfrac{7-6y}{4}$

<u>*Lösungen zu 1.2.1.:*</u>

(1) Es gab genau zwei Zeilenumformungen:

a) Multiplikation einer Zeile mit einer von Null verschiedenen Zahl.

b) Addition des Vielfachen einer Zeile zu einer anderen Zeile.

Zusammen mit dem Vertauschen von Zeilen bilden diese Operationen die sogenannten <u>elementaren Zeilenumformungen</u>.

(2) Man sehe sich den Begriff des Pivots in 1.2.2. sowie die zwei Anweisungen in 1.2.3. an!

(3) $x_1+3x_2+2x_3=16$
$3x_1+5x_2+7x_3=33$
$2x_1+x_2+5x_3=13$

Das (-3)-fache bzw (-2)-fache der ersten Zeile wird zur zweiten bzw. zur dritten Zeile addiert:

$x_1+3x_2+2x_3=16$
$-4x_2+x_3=-15$
$-5x_2+x_3=-19$

Die zweite Zeile wird durch -4 dividiert und das (-3)-fache bzw. 5-fache der so gewonnenen Zeile zur ersten bzw. zur dritten Zeile addiert:

$$x_1 \quad +2\tfrac{3}{4}x_3 = \tfrac{19}{4}$$
$$x_2 - \tfrac{1}{4}x_3 = \tfrac{15}{4}$$
$$-\tfrac{1}{4}x_3 = -\tfrac{1}{4}$$

Die dritte Zeile wird durch $-\tfrac{1}{4}$ dividiert und die dritte Spalte ausgeräumt:

$$x_1 \quad = 2$$
$$x_2 \quad = 4$$
$$x_3 = 1$$

(4) $\quad 4x+3y=4$

$\quad 2x- \ y=2$

Die zweite Zeile wird durch -1 dividiert und dann mit (-3) multipliziert und zur ersten Zeile addiert:

$\quad 10x \quad = 10$

$\quad -2x+y = -2$

Die erste Spalte wird ausgeräumt:

$\quad x \quad = 1$

$\quad \quad y = 0$

(5) $\quad$ 1. $\ x_5 = -2$

$\quad$ *Aus der vierten Gleichung folgt:* $\ x_4 = 3$

$\quad \quad$ " $\quad$ " $\ $ *dritten* $\quad$ " $\quad \quad$ " $\ :\ x_3 = 2$

$\quad \quad$ " $\quad$ " $\ $ *zweiten* $\quad$ " $\quad \quad$ " $\ :\ x_2 = -1$

$\quad \quad$ " $\quad$ " $\ $ *ersten* $\quad$ " $\quad \quad$ " $\ :\ x_1 = 1$

$\quad$ 2. *Es wird hintereinander die fünfte, vierte, dritte und zweite Spalte ausgeräumt:*

$$x_1+2x_2+ x_3-2x_4-3x_5=1 \qquad x_1+2x_2+ x_3-2x_4 = -5$$
$$-6x_2-4x_3+8x_4+7x_5=8 \quad\rightarrow\quad -6x_2-4x_3+8x_4 = 22$$
$$x_3+4x_4+ x_5=12 \qquad\qquad x_3+4x_4 = 14$$
$$x_4+7x_5=-11 \qquad\qquad\qquad x_4 = 3$$
$$x_5=-2 \qquad\qquad\qquad\qquad x_5=-2$$

$$
\begin{aligned}
x_1+2x_2+x_3 \qquad &=1 \\
-6x_2-4x_3 \qquad &=-2 \\
x_3 \qquad &=2 \\
x_4 \quad &=3 \\
+x_5 &=-2
\end{aligned}
\qquad\rightarrow\qquad
\begin{aligned}
x_1+2x_2 \qquad &=-1 \\
-6x_2 \qquad &=6 \\
x_3 \qquad &=2 \\
x_4 \quad &=3 \\
x_5 &=-2
\end{aligned}
$$

$$
\begin{aligned}
x_1+2x_2 \qquad &=-1 \\
x_2 \qquad &=-1 \\
x_3 \qquad &=2 \\
x_4 \quad &=3 \\
x_5 &=-2
\end{aligned}
\qquad\rightarrow\qquad
\begin{aligned}
x_1 \qquad &=1 \\
x_2 \qquad &=-1 \\
x_3 \qquad &=2 \\
x_4 \quad &=3 \\
x_5 &=-2
\end{aligned}
$$

(6)
$$
\begin{aligned}
2x+(1+i)y \quad -iz&=1 \\
x+(2-i)y+(1+i)&=0 \\
-x \qquad +y \quad +2i&=0
\end{aligned}
\quad\rightarrow\quad
\begin{aligned}
(3i-3)y+(-3i-2)z&=1 \\
x+(2-i)y \quad +(1+i)z&=0 \\
(3-i)y \quad +(1+3i)z&=0
\end{aligned}
$$

$$
\begin{aligned}
(3i-3)y+(-3i-2)z&=1 \\
(2-i)y \quad +(1+i)z&=0 \\
y+\frac{(1+3i)}{(3-i)}z&=0
\end{aligned}
\quad\rightarrow\quad
\begin{aligned}
z&=1 \\
x \quad -iz&=0 \\
y+iz&=0
\end{aligned}
$$

$$
\begin{aligned}
z&=1 \\
x \quad &=i \\
y \quad &=-i
\end{aligned}
$$

(7) Die gesuchten Mengen seien mit x und y bezeichnet. Dann
muß gelten:

$30x+50y=950$

$60x+35y=1250$

Die Lösung ist technisch sinnvoll: $x=15$, $y=10$.

(8) Die Mengen seien mit x und y bezeichnet. Dann müssen folgende Bedingungen erfüllt sein:

$$\frac{1}{4}x+\frac{2}{3}y=\frac{1}{2}$$
$$\frac{3}{4}x+\frac{1}{3}y=\frac{1}{2}$$

Wenn Sie dieses lineare Gleichungssystem lösen, finden Sie
$x=\frac{2}{5}$, $y=\frac{3}{5}$.

<u>*Lösungen zu 1.2.2.*</u>

(1)

$$\begin{aligned} 2x+3y-z &= 20 \\ -6x-5y+2u &= -45 \\ 2x-5y+6z-6u &= -3 \\ 4x+6y+2z-3u &= 58 \end{aligned} \quad \rightarrow \quad \begin{aligned} -2x-3y+z &= -20 \\ -6x-5y+2u &= -45 \\ 14x+13y-6u &= 117 \\ 8x+12y-3u &= 98 \end{aligned} \quad \rightarrow$$

$$\begin{aligned} -2x-3y+z &= -20 \\ -3x-\tfrac{5}{2}y+u &= -\tfrac{45}{2} \\ -4x-2y &= -18 \\ -x+\tfrac{9}{2}y &= \tfrac{61}{2} \end{aligned} \quad \rightarrow \quad \begin{aligned} 4x+z &= 7 \\ 2x+u &= 0 \\ 2x+y &= 9 \\ 10x &= 10 \end{aligned} \quad \rightarrow$$

$$\begin{aligned} z &= 3 \\ u &= -2 \\ y &= 7 \\ x &= 1 \end{aligned}$$

Das Gleichungssystem ist eindeutig lösbar:

$x=1, \quad y=7, \quad z=3, \quad u=-2$

(2)

$$\begin{aligned} 2x+y-2z &= 10 \\ 3x+2y+2z &= 1 \\ 5x+4y+3z &= 4 \end{aligned} \qquad 1. \quad \begin{aligned} 2x+y-2z &= 10 \\ x-6z &= 19 \\ 3x-11z &= 36 \end{aligned} \qquad \begin{aligned} y+10z &= -28 \\ x-6z &= 19 \\ -7z &= 21 \end{aligned}$$

$$\begin{aligned} y+10z &= -28 \\ x-6z &= 19 \\ z &= -3 \end{aligned} \qquad \begin{aligned} y &= 2 \\ x &= 1 \\ z &= -3 \end{aligned}$$

Das Gleichungssystem ist eindeutig lösbar: $x=1, \quad y=2, \quad z=-3$

2. Nun wird anders pivotisiert:

$$\begin{aligned} 2x+y-2z &= 10 \\ 3x+2y+2z &= 1 \\ 5x+4y+3z &= 4 \end{aligned} \quad \rightarrow \quad \begin{aligned} x+\tfrac{1}{2}y-z &= 5 \\ 3y+2y+2z &= 1 \\ 5x+4y+3z &= 4 \end{aligned}$$

Erste Spalte ausräumen:

$$\begin{aligned} x+\tfrac{1}{2}y-z &= 5 \\ -\tfrac{1}{2}y-5z &= 14 \\ -\tfrac{3}{2}y-8z &= 21 \end{aligned} \quad \rightarrow \quad \begin{aligned} x+\tfrac{1}{2}y-z &= 5 \\ y+10z &= -28 \\ -\tfrac{3}{2}y-8z &= 21 \end{aligned}$$

Zweite Spalte ausräumen:

$$
\begin{array}{lll}
x \quad -6z = 19 & x \quad -6z = 19 & x \qquad = 1 \\
y + 10z = -28 \;\rightarrow & y + 10z = -28 \;\rightarrow & y \;= 2 \\
7z = -21 & z = -3 & z = -3
\end{array}
$$

Man erhält die gleichen Lösungen, aber die erste Pivotisierung ist etwas zweckmäßiger.

(3)
$$
\begin{array}{ll}
5x_1 + 7x_2 + 15x_3 = 6 & 3x_2 + 5x_3 = 14 \\
x_1 + 2x_2 + 4x_3 = 4 \;\rightarrow & x_1 + 2x_2 + 4x_3 = 4 \\
2x_1 + 3x_2 + 7x_3 = 5 & x_2 + x_3 = 3
\end{array}
$$

$$
\begin{array}{ll}
+2x_3 = 5 & x_3 = \dfrac{5}{2} \\
x_1 \quad + 2x_3 = -2 \;\rightarrow & x_1 \qquad = -7 \\
x_2 + x_3 = 3 & x_2 \quad = \dfrac{1}{2}
\end{array}
$$

Durch Zeilenvertauschung erhält man:

$$
\begin{array}{l}
x_3 = \dfrac{5}{2} \\
x_2 = \dfrac{1}{2} \\
x_1 = -7
\end{array}
$$

Die Lösung lautet also: $x_1 = -7,\ x_2 = \dfrac{1}{2},\ x_3 = \dfrac{5}{2}$

<u>*Lösungen zu 1.2.3.*</u>

(1) Der Produktionsplan sei (x,y,z).

Bedingung der vollen Auslastung der Maschinen:

$$
\begin{array}{l}
2x + y + 4z = 200 \\
3x + 2y + z = 200 \\
x + 2y + 3z = 200
\end{array}
$$

Dieses System hat die sinnvolle Lösung x=25, y=50, z=25.

(2) Die Anteile seien x,y,z,t.

$$x +y +z +t=120.000$$
$$x-2y \quad\quad =0$$
$$y-2z \quad =0$$
$$z-2t=0$$

$$\begin{pmatrix} 1 & 1 & 1 & 1 & | & 120.000 \\ 1 & -2 & 0 & 0 & | & 0 \\ 0 & 1 & -2 & 0 & | & 0 \\ 0 & 0 & 1 & -2 & | & 0 \end{pmatrix} \rightarrow \begin{pmatrix} 1 & 0 & 0 & 0 & | & 64000 \\ 0 & 1 & 0 & 0 & | & 32000 \\ 0 & 0 & 1 & 0 & | & 16000 \\ 0 & 0 & 0 & 1 & | & 8000 \end{pmatrix}$$

$$x=64000, \quad y=32000, \quad z=16000, \quad t=8000$$

(3) Die Stoffmengen seien wieder mit x,y und z bezeichnet. Es ist eine Lösung folgenden Systems zu suchen:

$$\frac{25}{100}x+\frac{30}{100}y+\frac{50}{100}z=\frac{40}{100}$$

$$\frac{25}{100}x+\frac{40}{100}y+\frac{30}{100}z=\frac{40}{100}$$

$$\frac{50}{100}x+\frac{30}{100}y+\frac{20}{100}z=\frac{20}{100}$$

$$\begin{pmatrix} 25 & 30 & 50 & | & 40 \\ 25 & 40 & 30 & | & 40 \\ 50 & 30 & 20 & | & 20 \end{pmatrix} \rightarrow \begin{pmatrix} 5 & 6 & 10 & | & 8 \\ 5 & 8 & 6 & | & 8 \\ 10 & 6 & 4 & | & 4 \end{pmatrix}$$

Diese Matrix läßt sich auf folgende Gestalt bringen:

$$\begin{pmatrix} 1 & 0 & 0 & | & -\frac{10}{35} \\ 0 & 1 & 0 & | & \frac{30}{35} \\ 0 & 0 & 1 & | & \frac{15}{35} \end{pmatrix}$$

Das System besitzt also die einzige Lösung $x=-\frac{10}{35}$, $y=\frac{30}{35}$, $z=\frac{15}{35}$

Diese Lösung ist aber ökonomisch nicht brauchbar und damit die gewünschte Mischung nicht möglich.

(4) Die Zahlen seien mit x_1,x_2,x_3,x_4 bezeichnet. Dann gelten:

$$x_1 +x_2 +x_3 +x_4=40$$
$$x_1-\frac{1}{3}x_2 \quad\quad = 0$$
$$x_2-\frac{1}{3}x_3 \quad = 0$$
$$x_3-\frac{1}{3}x_4= 0$$

$$\begin{pmatrix} 1 & 1 & 1 & 1 & | & 40 \\ 1 & -\frac{1}{3} & 0 & 0 & | & 0 \\ 0 & 1 & -\frac{1}{3} & 0 & | & 0 \\ 0 & 0 & 1 & -\frac{1}{3} & | & 0 \end{pmatrix} \rightarrow \begin{pmatrix} 1 & 0 & 0 & 0 & | & 1 \\ 0 & 1 & 0 & 0 & | & 3 \\ 0 & 0 & 1 & 0 & | & 9 \\ 0 & 0 & 0 & 1 & | & 27 \end{pmatrix}$$

Also: $x_1=1$, $X_2=3$, $x_3=9$, $x_4=27$

(5) $\begin{pmatrix} 1 & 2 & -6 & | & 3 \\ 0 & 1 & -2 & | & -1 \end{pmatrix} \rightarrow \begin{pmatrix} 1 & 2 & -6 & | & 3 \\ 0 & 7 & -14 & | & -7 \end{pmatrix} \rightarrow \begin{pmatrix} 1 & 2 & -6 & | & 3 \\ 0 & 1 & -2 & | & -1 \end{pmatrix}$

Hierzu kann man etwa $z=1$ hizunehmen:

$$\begin{pmatrix} 1 & 2 & -6 & | & 3 \\ 0 & 1 & -2 & | & -1 \\ 0 & 0 & 1 & | & 1 \end{pmatrix} \qquad \begin{pmatrix} 1 & 0 & 0 & | & 7 \\ 0 & 1 & 0 & | & 1 \\ 0 & 0 & 1 & | & 1 \end{pmatrix}$$

$x=7$, $y=1$, $z=1$.

(6) **Die vier aufeinanderfolgenden Zahlen** x_1,x_2,x_3,x_4
erfüllen folgende Gleichungen:

$x_1+x_2+x_3+x_4=50$
$x_1-x_2 \qquad =-1$
$\qquad x_2-x_3 \quad =-1$
$\qquad\qquad x_3-x_4=-1$

$$\begin{pmatrix} 1 & 1 & 1 & 1 & | & 50 \\ 1 & -1 & 0 & 0 & | & -1 \\ 0 & 1 & -1 & 0 & | & -1 \\ 0 & 0 & 1 & -1 & | & -1 \end{pmatrix} \qquad \begin{pmatrix} 1 & 0 & 0 & 0 & | & 11 \\ 0 & 0 & 0 & 1 & | & 14 \\ 0 & 1 & 0 & 0 & | & 12 \\ 0 & 0 & 1 & 0 & | & 13 \end{pmatrix}$$

Die Zahlen sind 11,12,13,14.

(7) **Die Progression sei** x_1,x_2,x_3,x_4. **Es gelten:**

$x_1+x_2+x_3+x_4=20$
$\qquad x_2-x_1= 4$
$\qquad x_3-x_2= 4$
$\qquad x_4-x_3= 4$

$$\begin{pmatrix} 1 & 1 & 1 & 1 & | & 20 \\ -1 & 1 & 0 & 0 & | & 4 \\ 0 & -1 & 1 & 0 & | & 4 \\ 0 & 0 & -1 & 1 & | & 4 \end{pmatrix} \qquad \begin{pmatrix} 0 & 1 & 0 & 0 & | & 3 \\ 1 & 0 & 0 & 0 & | & -1 \\ 0 & 0 & 1 & 0 & | & 7 \\ 0 & 0 & 0 & 1 & | & 11 \end{pmatrix}$$

$x_1=-1$, $x_2=3$, $x_3=7$, $x_4=11$.

<u>*Lösungen zu 1.3.1.*</u>

(1) Die ersten beiden Fragen werden stets mit NEIN beantwortet. Das Flußdiagramm könnte daher so vereinfacht werden:

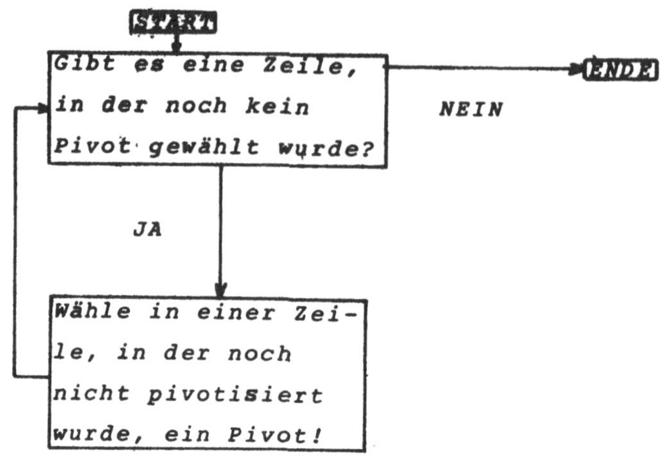

(2) a)

$$\begin{pmatrix} \boxed{4} & 6 & | & 7 \\ 8 & 12 & | & 15 \end{pmatrix} \rightarrow \begin{pmatrix} 1 & \frac{3}{2} & | & \frac{7}{4} \\ 0 & 0 & | & 1 \end{pmatrix} \qquad \text{keine Losung}$$

b)

$$\begin{pmatrix} \boxed{4} & 6 & | & 7 \\ 8 & 10 & | & 16 \end{pmatrix} \rightarrow \begin{pmatrix} 1 & \frac{3}{2} & | & \frac{7}{4} \\ 0 & \boxed{-2} & | & 2 \end{pmatrix} \rightarrow \begin{pmatrix} 1 & 0 & | & \frac{13}{4} \\ 0 & 1 & | & -1 \end{pmatrix}$$

$$x_1 = \frac{13}{4} \qquad x_2 = -1$$

c)

$$\begin{pmatrix} \boxed{4} & 6 & | & 7 \\ 8 & 12 & | & 14 \end{pmatrix} \rightarrow \begin{pmatrix} 1 & \frac{3}{2} & | & \frac{7}{4} \\ 0 & 0 & | & 0 \end{pmatrix}$$

$$x_1 + \frac{3}{2} x_2 = \frac{7}{4}$$

x_2 *frei wählen und* $x_1 = \frac{7}{4} - \frac{3}{2} x_2$ *setzen.*

<u>*Lösungen zu 1.3.2.*</u>

(1)

$$\begin{pmatrix} 3 & 2 & \textcircled{1} & | & 7 \\ 1 & 0{,}5 & -1 & | & 4 \\ 1 & 0{,}75 & 1 & | & 5 \end{pmatrix}$$

Pivotisieren Sie an der eingekreisten Stelle und räumen Sie die dritte Spalte aus:

$$\begin{pmatrix} 3 & 2 & 1 & | & 7 \\ 4 & 2,5 & 0 & | & 11 \\ -2 & -1,25 & 0 & | & -2 \end{pmatrix}$$

Subtrahieren Sie das $-\frac{1}{2}$-fache der mittleren Zeile von der letzten Zeile:

$$\begin{pmatrix} 3 & 2 & 1 & | & 7 \\ 4 & 2,5 & 0 & | & 11 \\ 0 & 0 & 0 & | & \frac{7}{2} \end{pmatrix}$$

Also ist das System unlösbar.

Das homogene System dagegen ist lösbar, weil es mindestens die triviale Lösung $x_1=0, x_2=0, X_3=0$ besitzt.

(2)

$$\begin{pmatrix} a & 3 & ① & | & 0 \\ 1 & -2 & -1 & | & 1 \\ 1 & 4 & 1 & | & 2 \end{pmatrix} \rightarrow \begin{pmatrix} a & 3 & 1 & | & 0 \\ a+1 & ① & 0 & | & 1 \\ a-1 & -1 & 0 & | & -2 \end{pmatrix} \rightarrow$$

$$\begin{pmatrix} -2a-3 & 0 & 1 & | & -3 \\ a+1 & 1 & 0 & | & 1 \\ 2a & 0 & 0 & | & -1 \end{pmatrix}$$

Wenn nun $2a=0$, d.h. $a=0$ ist, dann ist das Gleichungssystem unlösbar. Sonst aber kann man die letzte Zeile durch $2a$ dividieren und das Gleichungssystem eindeutig lösen. Also lautet die gesuchte Bedingung: $a \neq 0$.

(3) Die Zahlen x, y, z müssen folgende Gleichungen erfüllen:

$x-10y=0$

$y-10x=0$

$y-10z=0$

$z-10y=0$

$x-10z=0$

$z-10x=0$

$$\begin{pmatrix} 1 & -10 & 0 \\ -10 & 1 & 0 \\ 0 & 1 & -10 \\ 0 & -10 & 1 \\ 1 & 0 & -10 \\ -10 & 0 & 1 \end{pmatrix} \rightarrow \begin{pmatrix} 1 & 0 & 0 \\ 0 & 1 & 0 \\ 0 & 0 & 1 \\ 0 & 0 & 0 \\ 0 & 0 & 0 \\ 0 & 0 & 0 \end{pmatrix} \qquad x=y=z=0$$

<u>**Lösungen zu 1.3.3.**</u>

(1) Koeffizientenmatrix ist
$$\begin{pmatrix} 2 & 2 & ① & 2 & -3 \\ 1 & 2 & 3 & 4 & 4 \\ 2 & 3 & 1 & 5 & -5 \\ 1 & 3 & 3 & 7 & 2 \\ 5 & 6 & 5 & 8 & -2 \end{pmatrix}$$

Pivotisieren Sie an der bezeichneten Stelle und räumen Sie die dritte Spalte aus:

$$\begin{pmatrix} 2 & 2 & 1 & 2 & -3 \\ 5 & 4 & 0 & 2 & -13 \\ 0 & ① & 0 & 3 & -2 \\ 5 & 3 & 0 & -1 & -11 \\ 5 & 4 & 0 & 2 & -13 \end{pmatrix} \rightarrow \begin{pmatrix} 2 & 0 & 1 & -4 & 1 \\ 5 & 0 & 0 & -10 & -5 \\ 0 & 1 & 0 & 3 & -2 \\ 5 & 0 & 0 & -10 & -5 \\ 5 & 0 & 0 & -10 & -5 \end{pmatrix}$$

Subtrahieren Sie von der letzten und vorletzten Zeile die zweite Zeile:

$$\begin{pmatrix} 2 & 0 & 1 & -4 & 1 \\ 5 & 0 & 0 & -10 & -5 \\ 0 & 1 & 0 & 3 & -2 \\ 0 & 0 & 0 & 0 & 0 \\ 0 & 0 & 0 & 0 & 0 \end{pmatrix} \rightarrow \begin{pmatrix} 2 & 0 & 1 & -4 & 1 \\ ① & 0 & 0 & -2 & -1 \\ 0 & 1 & 0 & 3 & -2 \\ 0 & 0 & 0 & 0 & 0 \\ 0 & 0 & 0 & 0 & 0 \end{pmatrix} \rightarrow$$

$$\begin{pmatrix} 0 & 0 & 1 & 0 & 3 \\ 1 & 0 & 0 & -2 & -1 \\ 0 & 1 & 0 & 3 & -2 \\ 0 & 0 & 0 & 0 & 0 \\ 0 & 0 & 0 & 0 & 0 \end{pmatrix}$$

Die allgemeine Lösung ist also:
$$x = 2u + v$$
$$y = -3u + 2v$$
$$z = \quad -3v.$$

(2)
$$\begin{pmatrix} ① & -2 & 2 \\ 2 & 1 & -2 \\ 3 & 4 & -6 \\ 3 & -11 & 12 \end{pmatrix} \rightarrow \begin{pmatrix} 1 & -2 & 2 \\ 0 & -5 & 6 \\ 0 & -10 & 12 \\ 0 & 5 & -6 \end{pmatrix} \rightarrow \begin{pmatrix} 1 & -2 & 2 \\ 0 & -5 & 6 \\ 0 & 0 & 0 \\ 0 & 0 & 0 \end{pmatrix}$$

$$\begin{pmatrix} 1 & -2 & 2 \\ 0 & 1 & -\frac{6}{5} \\ 0 & 0 & 0 \\ 0 & 0 & 0 \end{pmatrix} \rightarrow \begin{pmatrix} 1 & 0 & -\frac{2}{5} \\ 0 & 1 & -\frac{6}{5} \\ 0 & 0 & 0 \\ 0 & 0 & 0 \end{pmatrix} \qquad \begin{aligned} x &= \frac{2}{5}z \\ y &= \frac{6}{5}z \end{aligned}$$

Das System ist lösbar und besitzt unendlich viele Lösungen.

(3)
$$\begin{pmatrix} 2 & -1 & -3 & | & 1 \\ 1 & -1 & 2 & | & -2 \\ 4 & -3 & 1 & | & -3 \\ 1 & 0 & -5 & | & 3 \end{pmatrix} \rightarrow \begin{pmatrix} -2 & 1 & 3 & | & -1 \\ -1 & 0 & 5 & | & -3 \\ 2 & 0 & -10 & | & 6 \\ 1 & 0 & -5 & | & 3 \end{pmatrix} \rightarrow \begin{pmatrix} -2 & 1 & 3 & | & -1 \\ 1 & 0 & -5 & | & 3 \\ 0 & 0 & 0 & | & 0 \\ 0 & 0 & 0 & | & 0 \end{pmatrix} \rightarrow$$

$$\begin{pmatrix} 0 & 1 & -7 & | & 5 \\ 1 & 0 & -5 & | & 3 \\ 0 & 0 & 0 & | & 0 \\ 0 & 0 & 0 & | & 0 \end{pmatrix}$$

$$x_1 = 5x_3 + 3 \qquad x_2 = 7x_3 + 5$$

Das System hat eine freie Variable. Eine spezielle Lösung
ist $x_1 = 3,\ x_2 = 5,\ x_3 = 0$

(4) Die Koeffizientenmatrix ist:

$$\begin{pmatrix} 1 & -\frac{1}{3} & -\frac{1}{3} & -\frac{1}{3} \\ -\frac{1}{3} & 1 & -\frac{1}{3} & -\frac{1}{3} \\ -\frac{1}{3} & -\frac{1}{3} & 1 & -\frac{1}{3} \\ -\frac{1}{3} & -\frac{1}{3} & -\frac{1}{3} & 1 \end{pmatrix}$$

Diese Matrix können Sie auf folgende Gestalt bringen:

$$\begin{pmatrix} 1 & 0 & 0 & -1 \\ 0 & 1 & 0 & -1 \\ 0 & 0 & 1 & -1 \\ 0 & 0 & 0 & 0 \end{pmatrix}$$

x_4 *ist frei wählbar, und es gilt*

$x_1 = x_4,\ x_2 = x_4,\ x_3 = x_4.$

Eine von Null verschiedene spezielle Lösung ist $(1,1,1,1)$.

(5)
$$\begin{pmatrix} 1 & 2 & -q & 0 & 4 & q+1 & | & -q \\ -3 & -6 & 3q & 0 & -12 & -2(q+1) & | & 2q \\ 2 & 4 & -2q & 1 & 10 & 0 & | & 2 \\ 2 & 4 & -2q & -2 & 4 & 6(q+1) & | & -4-6q \end{pmatrix} \rightarrow$$

$$\begin{pmatrix} 1 & 2 & -q & 0 & 4 & q+1 & | & -q \\ 0 & 0 & 0 & 0 & 0 & q+1 & | & -q \\ 0 & 0 & 0 & -1 & -2 & 2(q+1) & | & -1(q+1) \\ 0 & 0 & 0 & 2 & 4 & -4(q+1) & | & 4(q+1) \end{pmatrix} \rightarrow$$

$$\begin{pmatrix} 1 & 2 & -q & 0 & 4 & q+1 & \bigm| & -q \\ 0 & 0 & 0 & 0 & 0 & q+1 & \bigm| & -q \\ 0 & 0 & 0 & 1 & 2 & -2(q+1) & \bigm| & 2(q+1) \\ 0 & 0 & 0 & 0 & 0 & 0 & \bigm| & 0 \end{pmatrix}$$

*Wenn $q+1=0$, d.h. $q=-1$ ist, dann ist das System unlösbar;
sonst aber immer lösbar, z.B. für $q=0$:*

$$\begin{pmatrix} 1 & 2 & 0 & 0 & 4 & 1 & \bigm| & 0 \\ 0 & 0 & 0 & 0 & 0 & \textcircled{1} & \bigm| & 0 \\ 0 & 0 & 0 & 1 & 2 & -2 & \bigm| & 2 \\ 0 & 0 & 0 & 0 & 0 & 0 & \bigm| & 0 \end{pmatrix} \rightarrow \begin{pmatrix} 1 & 2 & 0 & 0 & 4 & 0 & \bigm| & 0 \\ 0 & 0 & 0 & 0 & 0 & 1 & \bigm| & 0 \\ 0 & 0 & 0 & 1 & 2 & 0 & \bigm| & 2 \\ 0 & 0 & 0 & 0 & 0 & 0 & \bigm| & 0 \end{pmatrix}$$

$x_1=-2x_2-4x_5$, $x_4=2-2x_5$, $x_6=0$, x_2,x_3,x_5 *frei.*

(6) Die gesuchten Produktionseinheiten seien mit x,y,z bezeichnet. Dann ist das folgende Gleichungssystem zu lösen:

$$5y+\ z=52$$
$$4x+\ y+3z=36$$
$$2x+6y\ \ \ =70$$
$$3x+\ y+2z=29$$
$$2x+7y+3z=86$$

Mit Hilfe des Gaußschen Algorithmus können Sie folgende eindeutig bestimmte Lösung finden:

$x=5$, $y=10$, $z=2$.

(7)
$$\begin{pmatrix} 2 & -3 & 6 & 2 & -5 & \bigm| & 3 \\ 0 & \textcircled{1} & -4 & 1 & 0 & \bigm| & 1 \\ 0 & 0 & 0 & 1 & -3 & \bigm| & 2 \end{pmatrix} \rightarrow \begin{pmatrix} 2 & 0 & -6 & 5 & -5 & \bigm| & 6 \\ 0 & 1 & -4 & 1 & 0 & \bigm| & 1 \\ 0 & 0 & 0 & \textcircled{1} & -3 & \bigm| & 2 \end{pmatrix} \rightarrow$$

$$\begin{pmatrix} \textcircled{2} & 0 & -6 & 0 & 10 & \bigm| & -4 \\ 0 & 1 & -4 & 0 & 3 & \bigm| & -1 \\ 0 & 0 & 0 & 1 & -3 & \bigm| & 2 \end{pmatrix} \rightarrow \begin{pmatrix} 1 & 0 & -3 & 0 & 5 & \bigm| & -2 \\ 0 & 1 & -4 & 0 & 3 & \bigm| & -1 \\ 0 & 0 & 0 & 1 & -3 & \bigm| & 2 \end{pmatrix}$$

*Damit ist die Matrix auf die gewünschte Form gebracht.
x_3 und x_5 können frei gewählt werden und die Basisvariablen
x_1, x_2 und x_4 schreiben sich dann so:*

$$x_1=-2+3x_3-5x_5$$
$$x_2=-1+4x_3-3x_5$$
$$x_4=2+3x_5$$

x_4 und x_5 sind wegen der Beziehung $x_4-3x_5=2$ nicht frei wählbar. (Das kann man auch an der letzten Matrix oben erkennen)

(8)
$$\begin{pmatrix} 4 & 3 & 2 & -1 & | & 4 \\ 5 & 4 & 3 & -1 & | & 4 \\ -2 & -2 & \boxed{-1} & 2 & | & -3 \\ 11 & 6 & 4 & 1 & | & 11 \end{pmatrix} \rightarrow \begin{pmatrix} 0 & \boxed{-1} & 0 & 3 & | & -2 \\ -1 & -2 & 0 & 5 & | & -5 \\ 2 & 2 & 1 & -2 & | & 3 \\ 3 & -2 & 0 & 9 & | & -1 \end{pmatrix} \rightarrow$$

$$\begin{pmatrix} 0 & 1 & 0 & -3 & | & 2 \\ \boxed{1} & 0 & 0 & 1 & | & 1 \\ 2 & 0 & 1 & 4 & | & -1 \\ 3 & 0 & 0 & 3 & | & 3 \end{pmatrix} \rightarrow \begin{pmatrix} 0 & 1 & 0 & -3 & | & 2 \\ 1 & 0 & 0 & 1 & | & 1 \\ 0 & 0 & 1 & 2 & | & -3 \\ 0 & 0 & 0 & 0 & | & 0 \end{pmatrix}$$

$$x_1=1-x_4, \quad x_2=2+3x_4, \quad x_3=-3-2x_4, \quad x_4\ \text{frei}.$$

Jetzt formen wir um:

$$\begin{pmatrix} 0 & 1 & 0 & -3 & | & 2 \\ 1 & 0 & 0 & \boxed{1} & | & 1 \\ 0 & 0 & 1 & 2 & | & -3 \\ 0 & 0 & 0 & 0 & | & 0 \end{pmatrix} \rightarrow \begin{pmatrix} 3 & 1 & 0 & 0 & | & 5 \\ 1 & 0 & 0 & 1 & | & 1 \\ -2 & 0 & 1 & 0 & | & -5 \\ 0 & 0 & 0 & 0 & | & 0 \end{pmatrix}$$

Also x_1 *frei,* $x_2=5-3x_1, \quad x_3=-5+2x_1, \quad x_4=1-x_1$

(9) *Der Produktionsplan sei* (x,y,z).

1. $2x+6y+z=50$

   $4x+2y+5z=90$

2.
$$\begin{pmatrix} 2 & 6 & 1 & | & 50 \\ 4 & 2 & 5 & | & 90 \end{pmatrix} \rightarrow \begin{pmatrix} 1 & 0 & \frac{14}{10} & | & 22 \\ 0 & 1 & -\frac{3}{10} & | & 1 \end{pmatrix}.$$

$$x=22-\frac{14}{10}z \qquad y=1+\frac{3}{10}z$$

Zwei spezielle nicht-negative ganzzahlige Lösungen erhält
man für $z=10$ *und* $z=0$:

$(x=8,y=4,z=10)$, $(x=22,y=1,z=0)$.

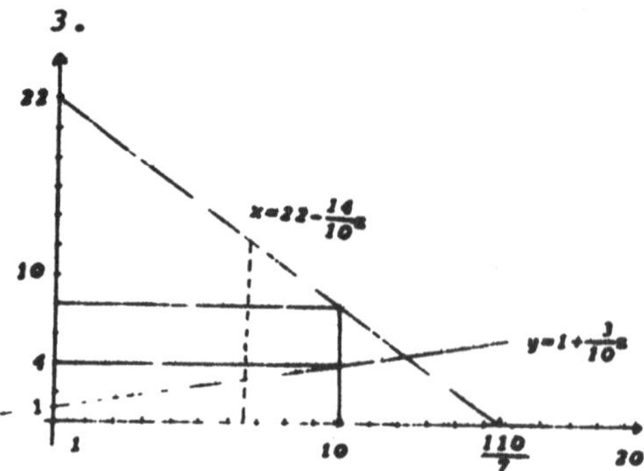

Ein möglicher Produktionsplan ist gestrichelt. Z darf Werte zwischen 0 und $\frac{110}{7}$ annehmen,

4. $z=5$ $x=15$, $y=2,5$.

(10) $\begin{pmatrix} 2 & 1 & 3 & | & 1 \\ 3 & 2 & 7 & | & \frac{7}{2} \end{pmatrix} \rightarrow \begin{pmatrix} 0 & 1 & 5 & | & 4 \\ 1 & 0 & -1 & | & -\frac{3}{2} \end{pmatrix}$

$x_1 = -\frac{3}{2} + x_3$ $x_2 = 4 - 5x_3$

Jetzt wird umgeformt:

$\begin{pmatrix} 0 & 1 & 5 & | & 4 \\ 1 & 0 & -1 & | & -\frac{3}{2} \end{pmatrix} \rightarrow \begin{pmatrix} 5 & 1 & 0 & | & -\frac{7}{2} \\ -1 & 0 & 1 & | & \frac{3}{2} \end{pmatrix}$

$x_2 = -\frac{7}{2} - 5x_1$ $x_3 = \frac{3}{2} + x_1$

3 spezielle Lösungen:

$(x_1 = -\frac{3}{2}, x_2 = 4, x_3 = 0)$, $(x_1 = -\frac{1}{2}, x_2 = -1, x_3 = 1)$, $(x_1 = -\frac{5}{2}, x_2 = 9, x_3 = -1)$

(11) $\begin{pmatrix} 1 & 2 & a+1 & | & 2 \\ 2 & 3 & a & | & 3 \\ 1 & a & 3 & | & 2 \end{pmatrix} \rightarrow \begin{pmatrix} 1 & 2 & a+1 & | & 2 \\ 0 & 1 & a+2 & | & 1 \\ 0 & 2-a & a-2 & | & 0 \end{pmatrix}$

Wenn $a=2$ ist, verschwindet die letzte Zeile und das System hat eine freie Variable.

Wenn a≠2, dann durch 2-a dividieren:

$$\begin{pmatrix} 1 & 2 & a+1 & | & 2 \\ 0 & ① & a+2 & | & 1 \\ 0 & 1 & -1 & | & 0 \end{pmatrix} \rightarrow \begin{pmatrix} 1 & 0 & -a-3 & | & 0 \\ 0 & 1 & a+2 & | & 1 \\ 0 & 0 & a+3 & | & 1 \end{pmatrix}$$

Wenn a=-3 ist, dann ist das System unlösbar.

In allen anderen Fällen (a≠2,a≠-3) ist es regulär.

(12) Die erweiterte Matrix:

$$\begin{pmatrix} 2 & 0 & 4 & | & a+c \\ 5 & 0 & 10 & | & b+3c \\ 1 & -2 & 7 & | & c \end{pmatrix}$$

Wenn man die erste Zeile mit $\frac{5}{2}$ multipliziert, erhält man:

$$\begin{pmatrix} 5 & 0 & 10 & | & \frac{5}{2}a+\frac{5}{2}c \\ 5 & 0 & 10 & | & b+3c \\ 1 & -2 & 7 & | & c \end{pmatrix}$$

Damit keine Inkonsistenz vorliegt, muß also zunächst gelten:

$\frac{5}{2}a+\frac{5}{2}c=b+3c$ *genau dann, wenn* $\frac{5}{2}a=b+\frac{1}{2}c$ *genau dann, wenn* $5a=2b+c$.

Dann sieht das System so aus:

$$\begin{pmatrix} 0 & 0 & 0 & | & 0 \\ 1 & 0 & 2 & | & \frac{1}{5}(b+3c) \\ 1 & -2 & 7 & | & c \end{pmatrix} \rightarrow \begin{pmatrix} 0 & 0 & 0 & | & 0 \\ 1 & 0 & 2 & | & \frac{b}{5}+\frac{3c}{5} \\ 0 & 2 & -5 & | & \frac{b}{5}-\frac{2c}{5} \end{pmatrix}$$

Dieses System ist nun zwar lösbar, hat aber auch eine freie Variable. Das System ist also nur unter der Bedingung $5a=2b+c$ lösbar und besitzt in diesem Fall unendlich viele Lösungen.

(13)

$$\begin{pmatrix} 1 & 4 & -3 & 3 & | & 5 \\ 3 & 2 & -5 & 7 & | & 7 \\ 2 & 3 & -4 & 5 & | & 6 \\ 1 & -1 & -1 & 2 & | & 1 \end{pmatrix} \rightarrow \begin{pmatrix} 1 & 4 & -3 & 3 & | & 5 \\ 0 & 10 & -4 & 2 & | & 8 \\ 0 & 5 & -2 & 1 & | & 4 \\ 0 & 5 & -2 & 1 & | & 4 \end{pmatrix} \rightarrow$$

$$\begin{pmatrix} 1 & -11 & 3 & 0 & | & -7 \\ 0 & 0 & 0 & 0 & | & 0 \\ 0 & 0 & 0 & 0 & | & 0 \\ 0 & 5 & -2 & 1 & | & 4 \end{pmatrix} \qquad \begin{aligned} x_1 &= -7+11x_2-3x_3 \\ x_4 &= 4-5x_2+2x_3 \end{aligned}$$

2 spezielle Lösungen: $x_1=10, x_2=0, x_3=1, x_4=6 \qquad x_1=4, x_2=1,$
$x_3=0, x_4=-1$

<u>*Lösungen zu 2.1.1.*</u>

1. Die dritte und vierte Zahlengruppierung sind Matrizen.

2. Einfache Matrix von I:

$$\begin{pmatrix} 1 & -3 & 2 & -5 \\ 2 & 1 & -1 & 3 \\ -1 & 5 & 6 & 1 \end{pmatrix}$$

Erweiterte Matrix von I:

$$\left(\begin{array}{cccc|c} 1 & -3 & 2 & -5 & 10 \\ 2 & 1 & -1 & 3 & 0 \\ -1 & 5 & 6 & 1 & 4 \end{array}\right)$$

Und für II:

$$\begin{pmatrix} 1 & 1 & 0 \\ 1 & 0 & 1 \\ 0 & 1 & -1 \end{pmatrix} \quad \text{und} \quad \left(\begin{array}{ccc|c} 1 & 1 & 0 & 10 \\ 1 & 0 & 1 & 5 \\ 0 & 1 & -1 & 5 \end{array}\right)$$

3. <u>Tabelle</u>

Zwischenprodukte

	P_1	P_2
R_1	6	3
R_2	4	4
R_3	2	5

Rohstoffe

Matrix

$$\begin{pmatrix} 6 & 3 \\ 4 & 4 \\ 2 & 5 \end{pmatrix}$$

Endprodukt

	P
P_1	12
P_2	5

Zwischenprodukte

$$\begin{pmatrix} 12 \\ 5 \end{pmatrix}$$

<u>*Lösungen zu 2.1.2.*</u>

1.

$$\begin{pmatrix} 1 & 0 & 0 & 0 \\ 0 & 1 & 0 & 0 \\ 0 & 0 & 1 & 0 \\ 0 & 0 & 0 & 1 \end{pmatrix}$$

Nach der Regel sind nämlich alle Elemente außer $a_{11}, a_{22}, a_{33}, a_{44}$ lauter Nullen.

2. $\begin{pmatrix} 1 & -1 \\ -1 & 1 \end{pmatrix}$ $a_{11}=(-1)^{1+1}$ $a_{21}=(-1)^{2+1}$

$a_{12}=(-1)^{1+2}$ $a_{22}=(-1)^{2+2}$

3. $\begin{pmatrix} 4 \\ 5 \\ 0 \\ 0 \end{pmatrix}$, $(-2,0,10)$

4. *Hauptdiagonale (1 3 1 3)*

Nebendiagonale $\begin{pmatrix} 4 \\ 4 \\ 4 \\ 4 \end{pmatrix}$

<u>*Lösungen zu 2.2.1.*</u>

(1) A=Nullmatrix, B=Dreiecksmatrix, C=Diagonalmatrix, D=Einheitsmatrix, E=quadratische Matrix

<u>*Lösungen zu 2.2.2.*</u>

(1) (1,0,0) und (0,0,0,1).

<u>*Lösungen zu 2.3.1.*</u>

(1) Nein. Schon an erster Stelle gilt $a_{11} \neq b_{11}$.

(2) Bedingungen:

$\frac{1}{2}q^2 = q$

$2q = q^2 \qquad\qquad q^2 = 2q, \quad q=0,2$

$q^2 = 2q$

$q = \frac{1}{4}q^3 \qquad\qquad q^3 = 4q, \quad q=0,2,-2$

Gemeinsame Lösungen: q=0,2

Also darf q gleich 0 oder gleich 2 sein.

<u>*Lösungen zu 2.3.2.*</u>

(1) Bedingungen:

$$0 \leq \lambda$$
$$\lambda^2 - 4\lambda + 6 \leq \lambda$$
$$2 \leq \lambda$$

$\lambda^2 - 4\lambda + 6 \leq \lambda$ *gilt genau dann, wenn* $\lambda^2 - 5\lambda + 6 \leq 0$*, d.h. wenn*

$(\lambda-2)(\lambda-3) \leq 0$*, also* $2 \leq \lambda \leq 3$*.*

Wenn die letztgenannte Bedingung erfüllt ist, dann sind die

beiden anderen erst recht erfüllt.

Also muß $2 \leq \lambda \leq 3$ *gelten.*

Setzen Sie $\lambda = \frac{5}{2}$ *ein und verifizieren Sie* $A \leq B$*!*

(2) Für alle $i,j=1,2,3$ *gilt* $a_{ij} \leq b_{ij}$*, also ist B größer.*

(3) B und C sind vergleichbar, da $b_{11} > c_{11}$*,* $b_{12} > c_{12}$*,* $b_{21} > c_{21}$*,*
$b_{22} > c_{22}$*.*

A und B sind nicht vergleichbar, da $a_{11} > b_{11}$*, aber* $a_{12} < b_{12}$*.*

A und C sind auch nicht vergleichbar, da $a_{11} > c_{11}$*, aber*
$a_{21} < c_{21}$*.*

<u>*Lösungen zu 2.3.3.*</u>

(1) Die erste Zeile ist für alle Werte von q echt posotiv. Also
muß gelten:
$q^2 - 1 \geq 0$*,* $q^2 - 2 \geq 0$*,* $q^2 - 3 \geq 0$*.*
Wenn $q^2 - 3 \geq 0$ *gilt, dann gelten die übrigen von selbst.*
Also muß $q^2 - 3 = (q - \sqrt{3})(q + \sqrt{3}) \geq 0$ *gelten, und das bedeutet*
$q \leq -\sqrt{3}$ *oder* $q \geq \sqrt{3}$*.*

(2) Ja. Weil alle Elemente nicht-negativ und die Diagonalele-
mente positiv sind.

<u>**Lösungen zu 2.4.1.**</u>

(1) *Diese Matrizen sind nicht addierbar. Man kann nur Matrizen vom gleichen Typ addieren.*

(2)
$$18\,A = \begin{pmatrix} 18\cdot 1 & 18\cdot\frac{1}{3} & 18\cdot\frac{1}{9} \\[2mm] -18\cdot\frac{1}{6} & -18\cdot\frac{1}{2} & 18\cdot 0 \end{pmatrix} = \begin{pmatrix} 18 & 6 & 2 \\ -3 & -9 & 0 \end{pmatrix}$$

(3) *Jahreslieferung:*
$$A = \begin{pmatrix} 500 & 300 & 400 & 150 \\ 250 & 300 & 350 & 200 \\ 250 & 300 & 450 & 250 \end{pmatrix}$$

Lieferung der ersten Jahreshälfte:
$$B = \begin{pmatrix} 250 & 200 & 175 & 50 \\ 150 & 100 & 200 & 100 \\ 100 & 225 & 150 & 125 \end{pmatrix}$$

Lieferung der zweiten Jahreshälfte: A-B
$$A-B = \begin{pmatrix} 500-250 & 300-200 & 400-175 & 150-50 \\ 250-150 & 300-100 & 350-200 & 200-100 \\ 250-100 & 300-225 & 450-150 & 250-125 \end{pmatrix} =$$

$$\begin{pmatrix} 250 & 100 & 225 & 100 \\ 100 & 200 & 150 & 100 \\ 150 & 75 & 300 & 125 \end{pmatrix}$$

(4)
$$2A = \begin{pmatrix} 2 & 4 & -1 \\ 0 & -2 & 8 \end{pmatrix}, \quad 2B = \begin{pmatrix} -1 & 3 & 9 \\ 6 & -3 & 0 \end{pmatrix}$$

$$2A+3B = \begin{pmatrix} 1 & 7 & 8 \\ 6 & -5 & 8 \end{pmatrix}$$

$$2A+3B-C = \begin{pmatrix} 0 & 0 & 0 \\ 0 & 0 & 0 \end{pmatrix}$$

<u>**Lösungen zu 2.4.2.**</u>

(1)

$$A+B = \begin{pmatrix} 4 & 2 & 4 & 6 \\ 1 & 5 & 7 & 9 \\ -2 & 0 & 8 & 3 \end{pmatrix} , \quad 2(A+B) = \begin{pmatrix} 8 & 4 & 8 & 12 \\ 2 & 10 & 14 & 18 \\ -4 & 0 & 16 & 6 \end{pmatrix}$$

$$\lambda A = \begin{pmatrix} 6 & 4 & 8 & 10 \\ 2 & 8 & 12 & 18 \\ -6 & 0 & 16 & 4 \end{pmatrix} , \quad \lambda B = \begin{pmatrix} 2 & 0 & 0 & 2 \\ 0 & 2 & 2 & 0 \\ 2 & 0 & 0 & 2 \end{pmatrix}$$

$$\lambda A+\lambda B = \begin{pmatrix} 8 & 4 & 8 & 12 \\ 2 & 10 & 14 & 18 \\ -4 & 0 & 16 & 6 \end{pmatrix}$$

Man sieht: $2(A+B)=2A+2B$.

<u>**Lösungen zu 2.5.1.**</u>

(1) Es seien die Erzeugnismengen mit x_1, x_2, x_3, x_4 bezeichnet.
Erfassen wir diese Mengen mit dem Spaltenvektor $\begin{pmatrix} x_1 \\ x_2 \\ x_3 \\ x_4 \end{pmatrix}$, dann

ist der Gesamtgewinn gleich

$$(2,3,5,10) \cdot \begin{pmatrix} x_1 \\ x_2 \\ x_3 \\ x_4 \end{pmatrix} = 2x_1 + 3x_2 + 5x_3 + 10x_4.$$

(2)

$$x \cdot y = (1,2,3,4) \cdot \begin{pmatrix} -1 \\ 2 \\ 2 \\ -3 \end{pmatrix} = 1 \cdot (-1) + 2 \cdot 2 + 3 \cdot 2 + 4 \cdot (-3) =$$

$$-1+4+6-12=-3$$

<u>*Lösungen zu 2.5.2.*</u>

(1)

	3	2		
	1	6		
	3	2		
3 2 1	$3\cdot3+2\cdot1+1\cdot3$	$3\cdot2+2\cdot6+1\cdot2$		14 20
4 0 3	$4\cdot3+0\cdot1+3\cdot3$	$4\cdot2+0\cdot6+3\cdot2$		21 14
6 1 1	$6\cdot3+1\cdot1+1\cdot3$	$6\cdot2+1\cdot6+1\cdot2$		22 20
1 1 2	$1\cdot3+1\cdot1+2\cdot3$	$1\cdot2+1\cdot6+2\cdot2$		10 12

Also:

$$A\cdot B = \begin{pmatrix} 14 & 20 \\ 21 & 14 \\ 22 & 20 \\ 10 & 12 \end{pmatrix}$$

(2)

	-2	0	6	-3
	1	-5	2	0
3 -1	$3\cdot(-2)+(-1)\cdot1=-7$	$3\cdot0+(-1)(-5)=5$	16	-9
-4 0	$(-4)\cdot(-2)+0\cdot1=8$	$(-4)\cdot0+(-5)\cdot0=0$	-24	12
6 -13	$6\cdot(-2)+(-13)\cdot1=-25$	$6\cdot0+(-13)\cdot(-5)=65$	10	-18

Es gilt also:
$$A\cdot B = \begin{pmatrix} -7 & 5 & 16 & -9 \\ 8 & 0 & -24 & 12 \\ -25 & 65 & 10 & -18 \end{pmatrix}$$

(3) $(1,2)\cdot\begin{pmatrix} 3 \\ 4 \end{pmatrix} = 11$

	1 2
3	3 6
4	4 8

$$= \begin{pmatrix} 3 \\ 4 \end{pmatrix}\cdot(1,2)$$

(4) $\begin{pmatrix} 1 & 2 \\ 3 & 4 \end{pmatrix}\cdot\begin{pmatrix} 1 \\ 2 \end{pmatrix}$ *ist möglich.*

$\begin{pmatrix} 1 \\ 2 \end{pmatrix}\cdot\begin{pmatrix} 1 & 2 \\ 3 & 4 \end{pmatrix}$ *ist nicht möglich.*

(5) $(1,2)\cdot\begin{pmatrix} 1 & 2 \\ -1 & 0 \end{pmatrix} = (-1,2)$

<u>**Lösungen zu 2.5.3.**</u>

(1)

$$AB = BA = \begin{pmatrix} \gamma & \beta & \alpha \\ \delta & \varepsilon & \delta \\ \alpha & \beta & \gamma \end{pmatrix}$$

(2) Es gilt auf Grund des Distributivgesetzes

$$(A+B)^2 = (A+B)(A+B) = A^2 + AB + BA + B^2$$

Die binomische Formel kann also nur gelten, wenn AB=BA.

In unserem Fall ist jedoch AB≠BA.

(3) Es seien $A=(a_{ij})$, $B=(b_{jk})$, $C=(c_{kl})$, ferner $AB=S=(s_{ik})$ und

$BC=T=(t_{jl})$, sowie $s_{ik} = \sum\limits_{j=1}^{m} a_{ij} b_{jk}$ und $t_{jl} = \sum\limits_{k=1}^{n} b_{jk} c_{kl}$.

Die Matrix (AB)C hat in der i-ten Zeile und l-ten Spalte fol-

gendes Element stehen:
$$\sum_{k=1}^{n} s_{ik} c_{kl} = \sum_{k=1}^{n} \left(\sum_{j=1}^{m} a_{ij} b_{jk} \right) c_{kl}$$

$$= \sum_{k=1}^{n} \sum_{j=1}^{m} a_{ij} b_{jk} c_{kl}$$

Die Matrix A(BC) hat an derselben Stelle folgendes Element:

$$\sum_{j=1}^{m} a_{ij} t_{jl} = \sum_{j=1}^{m} a_{ij} \left(\sum_{k=1}^{n} b_{jk} c_{kl} \right) = \sum_{j=1}^{m} \sum_{k=1}^{n} a_{ij} b_{jk} c_{kl}$$

Da diese Doppelsummen übereinstimmen, sind also die Matrizen

gleich.

(4)
$$\begin{pmatrix} 1 & 1 \\ 0 & 1 \end{pmatrix} \cdot \begin{pmatrix} a & b \\ c & d \end{pmatrix} = \begin{pmatrix} a+c & b+d \\ c & d \end{pmatrix}$$

$$\begin{pmatrix} a & b \\ c & d \end{pmatrix} \cdot \begin{pmatrix} 1 & 1 \\ 0 & 1 \end{pmatrix} = \begin{pmatrix} a & a+b \\ c & c+d \end{pmatrix}$$

Bedingung: 1.   a+c=a

              2.   b+d=a+b

              3.   c=c

              4.   d=c+d

Aus 4. folgt: c=0. Dann sind 1. und 3. von selbst erfüllt. Aus

2. folgt: a=d. Also sieht die Matrix so aus:
$\begin{pmatrix} a & b \\ 0 & a \end{pmatrix}$

Verifizieren Sie die Kommutativität!

(5)
$$B+C = \begin{pmatrix} -1 & -2 \\ 4 & 1 \end{pmatrix} \qquad A(B+C) = \begin{pmatrix} 10 & -1 \\ 1 & 2 \end{pmatrix}$$

$$AB = \begin{pmatrix} 5 & 2 \\ -1 & 2 \end{pmatrix} \qquad AC = \begin{pmatrix} 5 & -3 \\ 2 & 0 \end{pmatrix} \qquad AB+AC = \begin{pmatrix} 10 & -1 \\ 1 & 2 \end{pmatrix}$$

Also gilt $A(B+C)=AB+AC$.

Lösungen zu 2.6.1.

(1) Der Vektor mit den Variablen sei mit $\begin{pmatrix} x \\ y \\ z \end{pmatrix}$ bzw. $\begin{pmatrix} x \\ y \\ z \\ t \end{pmatrix}$ bezeichnet.

1. $\begin{pmatrix} 1 & 1 & -1 \\ 2 & 4 & -2 \\ 3 & 2 & 2 \end{pmatrix} \begin{pmatrix} x \\ y \\ z \end{pmatrix} = \begin{pmatrix} 0 \\ 0 \\ 0 \end{pmatrix}$

2. $\begin{pmatrix} 4 & -5 & 1 \\ 1 & 3 & -2 \\ -1 & 2 & 3 \end{pmatrix} \begin{pmatrix} x \\ y \\ z \end{pmatrix} = \begin{pmatrix} 1 \\ 4 \\ -3 \end{pmatrix}$

3. $\begin{pmatrix} 1 & -2 & 1 & 1 \\ 2 & 1 & -3 & -3 \\ -3 & 5 & 2 & 1 \end{pmatrix} \begin{pmatrix} x \\ y \\ z \\ t \end{pmatrix} = \begin{pmatrix} 0 \\ 5 \\ 2 \end{pmatrix}$

4. $\begin{pmatrix} 1 & -1 & 2 \\ 0 & 1 & 1 \\ 0 & 0 & 2 \end{pmatrix} \begin{pmatrix} x \\ y \\ z \end{pmatrix} = \begin{pmatrix} 10 \\ 10 \\ 10 \end{pmatrix}$

(2) Es seien x_1 und x_2 zwei spezielle Lösungen, d.h. $Ax_1=0$ und $Ax_2=0$.

Zu zeigen ist, daß $A(x_1+x_2)=0$ gilt. Es ist aber $A(x_1+x_2)= Ax_1+Ax_2=0+0=0$.

(3) 1. $\begin{pmatrix} 1 & 3 \\ 2 & -1 \end{pmatrix} \begin{pmatrix} x_1 \\ x_2 \end{pmatrix} = \begin{pmatrix} 4 \\ 1 \end{pmatrix} \qquad \begin{pmatrix} 2 & -1 \\ 5 & -3 \end{pmatrix} \begin{pmatrix} y_1 \\ y_2 \end{pmatrix} = \begin{pmatrix} 1 \\ 1 \end{pmatrix}$

2. $\overline{x} = \begin{pmatrix} 1 \\ 1 \end{pmatrix} \qquad \overline{y} = \begin{pmatrix} 2 \\ 3 \end{pmatrix}$

3. $\begin{pmatrix} 1 \\ 1 \end{pmatrix} = \begin{pmatrix} 2 & -1 \\ 5 & -3 \end{pmatrix} \begin{pmatrix} 2 \\ 3 \end{pmatrix}$

4. $(AB)\overline{y}=A(B\overline{y})=A\overline{x}=b$

   Zeigen Sie dies auch durch Ausmultiplizieren!

<u>**Lösungen zu 2.6.2.**</u>

(1) $\begin{pmatrix} 1 & 3 & 2 \\ 2 & 1 & 4 \\ 2 & 2 & 1 \end{pmatrix} \begin{pmatrix} 50 \\ 50 \\ 50 \end{pmatrix} = \begin{pmatrix} 300 \\ 350 \\ 250 \end{pmatrix}$ =**Materialbedarfsvektor**

(2) $\begin{pmatrix} 3 & 2 & 0 \\ 1 & 5 & 2 \\ 0 & 4 & 1 \\ 3 & 2 & 4 \end{pmatrix} \begin{pmatrix} 4 & 5 \\ 3 & 1 \\ 0 & 2 \end{pmatrix} = \begin{pmatrix} 18 & 17 \\ 19 & 14 \\ 12 & 6 \\ 18 & 25 \end{pmatrix}$

In Tabellenform: Enderzeugnisse

		1	2
	1	18	17
	2	19	14
Einzelteile	3	12	6
	4	18	25

(3)a) $\begin{pmatrix} 2 & 1 \\ 3 & 2 \\ 4 & 3 \\ 4 & 2 \end{pmatrix} \begin{pmatrix} 1 & 4 & 2 & 5 \\ 3 & 2 & 3 & 2 \end{pmatrix} = \begin{pmatrix} 5 & 10 & 7 & 12 \\ 9 & 16 & 12 & 19 \\ 13 & 22 & 17 & 26 \\ 10 & 20 & 14 & 24 \end{pmatrix}$

b) $\begin{pmatrix} 5 & 10 & 7 & 12 \\ 9 & 16 & 12 & 19 \\ 13 & 22 & 17 & 26 \\ 10 & 20 & 14 & 24 \end{pmatrix} \begin{pmatrix} 100 \\ 100 \\ 50 \\ 50 \end{pmatrix} = \begin{pmatrix} 2450 \\ 4050 \\ 5650 \\ 4900 \end{pmatrix}$

(4) $\begin{pmatrix} 2 & 1 \\ 1 & 3 \\ 2 & 2 \end{pmatrix} \begin{pmatrix} 10 & 20 & 30 \\ 10 & 30 & 40 \end{pmatrix} \begin{pmatrix} 1 & 2 \\ 2 & 3 \\ 1 & 1 \end{pmatrix} = \begin{pmatrix} 270 & 370 \\ 410 & 560 \\ 380 & 520 \end{pmatrix}$

Berechnen Sie dieses Produkt auf zwei Weisen!

<u>*Lösungen zu 2.7.1.*</u>

(1) Das Falksche Multiplikationsschema liefert ohne Schwierig-keiten, daß AB=BA=E.

(2)

$$AB= \begin{pmatrix} 1 & 0 \\ 0 & 2 \end{pmatrix} \qquad (AB)^{-1}= \begin{pmatrix} 1 & 0 \\ 0 & \frac{1}{2} \end{pmatrix}$$

$$B^{-1}A^{-1}= \begin{pmatrix} 1 & 1 \\ -\frac{1}{2} & 0 \end{pmatrix} \begin{pmatrix} 0 & -1 \\ 1 & 1 \end{pmatrix} = \begin{pmatrix} 1 & 0 \\ 0 & \frac{1}{2} \end{pmatrix}$$

Sie sollen an dieser Stelle $(AB)^{-1}$ nicht ausrechnen, sondern zeigen, daß die Matrix $B^{-1}A^{-1}$ invers zu AB ist.

(3)

Nein. Es gilt $AB= \begin{pmatrix} 1 & 0 & 1 \\ 0 & 1 & -1 \\ 0 & 0 & 0 \end{pmatrix}.$

(4) Ja. Die Inverse von A^{-1} ist A.

<u>*Lösungen zu 2.7.2.*</u>

(1)

$$\begin{pmatrix} 2 & 0 & 3 & | & 1 & 0 & 0 \\ 0 & 2 & 0 & | & 0 & 1 & 0 \\ 0 & 4 & 6 & | & 0 & 0 & 1 \end{pmatrix} \rightarrow \begin{pmatrix} 1 & 0 & \frac{3}{2} & | & \frac{1}{2} & 0 & 0 \\ 0 & 2 & 0 & | & 0 & 1 & 0 \\ 0 & 4 & 6 & | & 0 & 0 & 1 \end{pmatrix} \rightarrow \begin{pmatrix} 1 & 0 & \frac{3}{2} & | & \frac{1}{2} & 0 & 0 \\ 0 & 1 & 0 & | & 0 & \frac{1}{2} & 0 \\ 0 & 0 & 6 & | & 0 & -2 & 1 \end{pmatrix}$$

$$\begin{pmatrix} 1 & 0 & 0 & | & \frac{1}{2} & \frac{1}{2} & -\frac{1}{4} \\ 0 & 1 & 0 & | & 0 & \frac{1}{2} & 0 \\ 0 & 0 & 1 & | & 0 & -\frac{1}{3} & \frac{1}{6} \end{pmatrix} : \qquad \begin{pmatrix} 2 & 0 & 3 \\ 0 & 2 & 0 \\ 0 & 4 & 6 \end{pmatrix}^{-1} \qquad =\frac{1}{2} \cdot \begin{pmatrix} 1 & 1 & -\frac{1}{2} \\ 0 & 1 & 0 \\ 0 & -\frac{2}{3} & \frac{1}{3} \end{pmatrix}$$

(2)

$$\begin{pmatrix} 3 & 2 & | & 1 & 0 \\ 7 & 5 & | & 0 & 1 \end{pmatrix} \rightarrow \begin{pmatrix} 1 & \frac{2}{3} & | & \frac{1}{3} & 0 \\ 0 & \frac{1}{3} & | & -\frac{7}{3} & 1 \end{pmatrix} \rightarrow \begin{pmatrix} 1 & 0 & | & 5 & -2 \\ 0 & 1 & | & -7 & 3 \end{pmatrix} :$$

$$\begin{pmatrix} 3 & 2 \\ 7 & 5 \end{pmatrix}^{-1} = \begin{pmatrix} 5 & -2 \\ -7 & 3 \end{pmatrix}$$

(3) Der vorliegende Lösungsweg ist lediglich eine technische Variante (die als Gauß-Jordan-Algorithmus bekannt ist) des obigen Rechengangs. Er hat den Vorteil, mit einer Matrix auszukommen, durch kompliziertere Umformungsregeln erkauft.

(4)　　　　　　　　　　　　　*Spalten*

	a_1	a_2	a_3
e_1	$\boxed{1}$	-2	-1
e_2	1	1	1
e_3	2	1	1

Einheitsvektoren

a_1 *gegen* e_1 *tauschen:*

	e_1	a_2	a_3	
a_1	1	-2	-1	
e_2	-1	$1-(-2)\cdot 1$	$1-(-1)\cdot 1$	$\delta=-2$
e_3	-2	$1-(-2)\cdot 2$	$1-(-1)\cdot 2$	$\delta=-1$

	e_1	a_2	a_3
a_1	1	-2	-1
e_2	-1	$\boxed{3}$	2
e_3	-2	5	3

a_2 *gegen* e_2 *tauschen:*

	e_1	e_2	a_3	
a_1	$1-(-\tfrac{1}{3})(-2)$	$\tfrac{2}{3}$	$-1-(\tfrac{2}{3})(-2)$	
a_2	$-\tfrac{1}{3}$	$\tfrac{1}{3}$	$\tfrac{2}{3}$	$\delta=-\tfrac{1}{3}$
e_3	$-2-(-\tfrac{1}{3})5$	$-\tfrac{5}{3}$	$3-\tfrac{2}{3}\cdot 5$	$\delta=\tfrac{2}{3}$

	e_1	e_2	a_3
a_1	$\tfrac{1}{3}$	$\tfrac{2}{3}$	$\tfrac{1}{3}$
a_2	$-\tfrac{1}{3}$	$\tfrac{1}{3}$	$\tfrac{2}{3}$
e_3	$-\tfrac{1}{3}$	$-\tfrac{5}{3}$	$\boxed{-\tfrac{1}{3}}$

a_3 *gegen* e_3 *tauschen:*

	e_1	e_2	e_3
a_1	$\tfrac{1}{3}-1\tfrac{1}{3}$	$\tfrac{2}{3}-5\,\tfrac{1}{3}$	1
a_2	$-\tfrac{1}{3}-1\cdot\tfrac{2}{3}$	$\tfrac{1}{3}-5\cdot\tfrac{2}{3}$	2
a_3	1	5	-3

$$\delta=1 \qquad \delta=5$$

	e_1	e_2	e_3
a_1	0	-1	1
a_2	-1	-3	2
a_3	1	5	-3

Also ist $A^{-1}=\begin{pmatrix} 0 & -1 & 1 \\ -1 & -3 & 2 \\ 1 & 5 & -3 \end{pmatrix}$.

164

<u>*Lösungen zu 2.7.3.*</u>

(1)
$$\begin{pmatrix} 2 & 1 & -1 \\ 0 & 2 & 1 \\ 5 & 2 & -3 \end{pmatrix} \begin{pmatrix} x \\ y \\ z \end{pmatrix} = \begin{pmatrix} 1 \\ 2 \\ 3 \end{pmatrix}$$

Oder $A \begin{pmatrix} x \\ y \\ z \end{pmatrix} = \begin{pmatrix} 1 \\ 2 \\ 3 \end{pmatrix}$ *mit* $A = \begin{pmatrix} 2 & 1 & -1 \\ 0 & 2 & 1 \\ 5 & 2 & -3 \end{pmatrix}$

Berechnen Sie zunächst die Inverse der Matrix A mit Hilfe des Gaußschen Algorithmus.

Es gilt $A^{-1} = \begin{pmatrix} 8 & -1 & -3 \\ -5 & 1 & 2 \\ 10 & -1 & -4 \end{pmatrix}$

Die obige Gleichung kann man mit A^{-1} *multiplizieren:*

$$A^{-1} \cdot \left\{ A \cdot \begin{pmatrix} x \\ y \\ z \end{pmatrix} \right\} = A^{-1} \begin{pmatrix} 1 \\ 2 \\ 3 \end{pmatrix}$$

Nach dem Assoziativgesetz gilt:

$$(A^{-1}A) \cdot \begin{pmatrix} x \\ y \\ z \end{pmatrix} = A^{-1} \cdot \begin{pmatrix} 1 \\ 2 \\ 3 \end{pmatrix}$$

$$E \cdot \begin{pmatrix} x \\ y \\ z \end{pmatrix} = \begin{pmatrix} 8 & -1 & -3 \\ -5 & 1 & 2 \\ 10 & -1 & -4 \end{pmatrix} \begin{pmatrix} 1 \\ 2 \\ 3 \end{pmatrix} = \begin{pmatrix} -3 \\ 3 \\ -4 \end{pmatrix}$$

$$\begin{pmatrix} x \\ y \\ z \end{pmatrix} = \begin{pmatrix} -3 \\ 3 \\ -4 \end{pmatrix} \qquad x=-3, \ y=3, \ z=-4$$

(2)
$$Ax = 0 \qquad A = \begin{pmatrix} -1 & 2 & -3 \\ 2 & 1 & 0 \\ 4 & -2 & 5 \end{pmatrix} \qquad x = \begin{pmatrix} x_1 \\ x_2 \\ x_3 \end{pmatrix}$$

Mit Hilfe des Gaußschen Algorithmus finden Sie

$$A^{-1} = \begin{pmatrix} -5 & 4 & -3 \\ 10 & -7 & 6 \\ 8 & -6 & 5 \end{pmatrix}.$$

$$A^{-1}(Ax) = A^{-1} \cdot 0 = 0$$
$$(A^{-1}A)x = 0$$
$$Ex = 0$$
$$x = 0 \qquad x_1 = x_2 = x_3 = 0$$

Das System besitzt nur die triviale Lösung.

<u>**Lösungen zu 2.8.1.**</u>

(1)

$$\begin{vmatrix} a_{11} & a_{12} \\ a_{21} & a_{22} \end{vmatrix} = \sum_{\substack{i=1 \\ j=1,2}} (-1)^{i+j} a_{ij} |A_{ij}| = a_{11}|A_{11}| - a_{12}|A_{12}|$$

Wegen $|A_{11}| = |a_{22}| = a_{22}$ und $|A_{12}| = |a_{21}| = a_{21}$ gilt

$$\begin{vmatrix} a_{11} & a_{12} \\ a_{21} & a_{22} \end{vmatrix} = a_{11}a_{22} - a_{12}a_{21}$$

(2)

$$|A_{11}| = \begin{vmatrix} 5 & 3 \\ 1 & 4 \end{vmatrix} = 17$$

$$|A_{12}| = \begin{vmatrix} 0 & 3 \\ -2 & 4 \end{vmatrix} = 6$$

$$|A_{13}| = \begin{vmatrix} 0 & 5 \\ -2 & 1 \end{vmatrix} = 10$$

$$\det A = (-1)^{1+1} \cdot 2 \cdot 17 + (-1)^{1+2}(-1)6 + (-1)^{1+3} \cdot 1 \cdot 10 =$$
$$= 50$$

(3)

$$A = \begin{pmatrix} 1 & 2 & -3 \\ -4 & 3 & 0 \\ 5 & 2 & -1 \end{pmatrix}$$

Kofaktor von -4: $(-1)^{2+1} \begin{vmatrix} 2 & -3 \\ 2 & -1 \end{vmatrix} = -4$

Kofaktor von 3: $(-1)^{2+2} \begin{vmatrix} 1 & -3 \\ 5 & -1 \end{vmatrix} = 14$

Kofaktor von 0: $(-1)^{2+3} \begin{vmatrix} 1 & 2 \\ 5 & 2 \end{vmatrix} = 8$

$$\det A = (-4)(-4) + 3 \cdot 14 + 0 \cdot 8 = 58$$

(4) Sie können det E = 1 mit Hilfe des Laplaceschen Zer-
     legungssatzes und der math. Induktion folgendermaßen
     beweisen:

$$n = 1 \qquad \det E_1 = \det (1) = 1$$

$$n = 2 \qquad \det E_2 = \begin{vmatrix} 1 & 0 \\ 0 & 1 \end{vmatrix} = 1 \cdot 1 - 0 \cdot 0 = 1$$

Angenommen, det E_{n-1} sei 1.

Dann gilt nach dem Laplaceschen Zerlegungssatz

$$\det \begin{pmatrix} 1 & 0 & \dots \dots & 0 \\ 0 & 1 & \dots \dots & 0 \\ \cdot & 0 & 1 & \\ \cdot & & & \cdot \\ 0 & 0 & & 1 \end{pmatrix} = 1 \cdot \det E_{n-1} + 0 \cdot (-1)^{1+2} |A_{12}| + \dots \ 0 \cdot (-1)^{1+n} \cdot |A_{1n}|$$

$$= 1 \cdot \det E_{n-1} = 1$$

Also ist die Behauptung allgemein richtig.

(5) Minor von 5 $= \begin{vmatrix} 4 & 0 & 1 \\ 1 & 2 & 3 \\ 1 & 7 & -3 \end{vmatrix} = -103$

Minor von 7 $= \begin{vmatrix} 4 & 2 & 1 \\ 1 & -2 & 3 \\ 3 & 5 & 0 \end{vmatrix} = -31$

<u>**Lösungen zu 2.8.2.**</u>

(1) Es gilt : $\det A = \alpha_1 \cdot \alpha_2 \cdot \ \ldots \ldots \alpha_n$.

Sie können die Argumentation für die 4. Aufgabe
aus 2.8.1. direkt auf diesen Fall übertragen.

(2) Wenn Sie die Determinante nach dieser Zeile (oder
Spalte) entwickeln, dann stehen überall Nullen.

(3) Sie können wieder die Induktionsmethode benutzen:

für $n = 2$ gilt : $\det \begin{pmatrix} a_{11} & a_{12} \\ O & a_{22} \end{pmatrix} = a_{11}a_{22}$.

Angenommen, die Behauptung sei für $n-1$ richtig,

d.h. $\det \begin{pmatrix} a_{11} & a_{12} & \cdots\cdots & a_{1n} \\ O & a_{22} & \cdots\cdots & a_{2n} \\ \cdot & \cdot & \cdot & \cdot \\ \cdot & \cdot & \cdot & \cdot \\ \cdot & \cdot & \cdot\cdot & \cdot \\ O & O & & a_{n-1,n-1} \end{pmatrix} = a_{11}a_{22}\cdots a_{n-1,n-1}$

Sie können nun eine Dreiecksmatrix der Ordnung n wie
folgt nach der letzten Zeile entwickeln :

$$\begin{vmatrix} a_{11} & a_{12} & \cdots & & a_{1n} \\ O & a_{22} & \cdots & & a_{2n} \\ \cdot & \cdot & \cdot\cdot & & \cdot \\ O & \cdot & \cdot & a_{n-1,n-1} & a_{n-1,n} \\ O & \cdot & \cdot & & a_{nn} \end{vmatrix} = (-1)^{n+1} \cdot O \cdot |A|_{n,1} + \ \ldots\ldots$$

$$+ (-1)^{n+n-1} \cdot O \cdot |A|_{n,n-1} +$$

$$+ (-1)^{n+n} \cdot a_{n,n} \cdot |A|_{n,n}$$

$$= |A|_{n,n} \cdot a_{n,n} = \begin{vmatrix} a_{11} & \cdots & a_{1,n-1} \\ O & a_{22} & \cdots & \cdot \\ \cdot & \cdot & \cdot & \cdot \\ O & & a_{n-1,n-1} \end{vmatrix} = a_{11}a_{22}\cdots a_{n-1,n-1}a_{nn}$$

Also ist die Behauptung allgemein richtig.

(4) **Aufgrund der ersten Aufgabe gilt :**

$$\begin{vmatrix} 1 & 0 & 0 \\ 0 & 2 & 0 \\ 0 & 0 & 3 \end{vmatrix} = 1 \cdot 2 \cdot 3 = 6$$

Aufgrund der zweiten Aufgabe gilt

$$\begin{vmatrix} -4 & 0 & 5 & 6 \\ 3 & 0 & 7 & -1 \\ 2 & 0 & -5 & 1 \\ 10 & 0 & 0 & 2 \end{vmatrix} = 0 \quad , \quad \text{da die zweite Spalte verschwindet.}$$

Aufgrund der dritten Aufgabe gilt :

$$\begin{vmatrix} 2 & 1 & 1 \\ 0 & 2 & 1 \\ 0 & 0 & 2 \end{vmatrix} = 2 \cdot 2 \cdot 2 = 8 \quad .$$

(5) *1.*

$$\begin{vmatrix} 4 & -3 & 7 \\ 2 & 0 & -1 \\ 3 & 0 & 2 \end{vmatrix} = (-1)^{1+1} \cdot 4 \cdot \begin{vmatrix} 0 & -1 \\ 0 & 2 \end{vmatrix} + (-1)^{1+2} \cdot (-3) \begin{vmatrix} 2 & -1 \\ 3 & 2 \end{vmatrix}$$

$$+ (-1)^{1+3} \cdot 7 \begin{vmatrix} 2 & 0 \\ 3 & 0 \end{vmatrix}$$

$$= 4 \cdot 0 + 3 \cdot 7 + 7 \cdot 0 = 21$$

2.

$$\begin{vmatrix} 4 & -3 & 7 \\ 2 & 0 & -1 \\ 3 & 0 & 2 \end{vmatrix} = (-1)^{2+1} (-3) \begin{vmatrix} 2 & -1 \\ 3 & 2 \end{vmatrix} + 0 \cdot \begin{vmatrix} 4 & 7 \\ 3 & 2 \end{vmatrix} + 0 \cdot \begin{vmatrix} 4 & 7 \\ 2 & -1 \end{vmatrix}$$

$$= 3 \cdot 7 = 21$$

3.

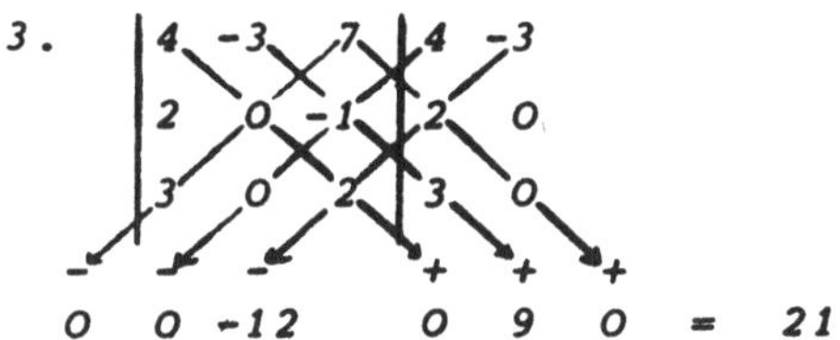

4. *Das zweite Verfahren scheint schneller zu sein.*

(6)

$$cab \quad abc \quad bca \quad a^3 \quad b^3 \quad c^3$$

$$\begin{vmatrix} a & b & c \\ c & a & b \\ b & c & a \end{vmatrix} = a^3 + b^3 + c^3 - 3abc$$

(7) *Wenn wir nach der ersten Zeile entwickeln, gilt :*

$$\begin{vmatrix} 1 & 0 & 0 \\ 0 & a-b & a \\ 0 & a & a+b \end{vmatrix} = 1 \cdot \begin{vmatrix} a-b & a \\ a & a+b \end{vmatrix} = (a-b)(a+b) - a \cdot a$$

$$= a^2 - b^2 - a^2$$

$$= -b^2$$

Also muß b *verschwinden, damit die Determinante verschwindet.*

(8) *Entwicklung nach der ersten Zeile :*

$$\begin{vmatrix} -2 & -3 & 2 & -5 \\ 2 & 5 & -3 & -2 \\ 1 & 3 & -2 & 2 \\ -1 & -6 & 4 & 3 \end{vmatrix} = -2 \cdot \begin{vmatrix} 5 & -3 & -2 \\ 3 & -2 & 2 \\ -6 & 4 & 3 \end{vmatrix} + 3 \cdot \begin{vmatrix} 2 & -3 & -2 \\ 1 & -2 & 2 \\ -1 & 4 & 3 \end{vmatrix}$$

$$+2 \cdot \begin{vmatrix} 2 & 5 & -2 \\ 1 & 3 & 2 \\ -1 & -6 & 3 \end{vmatrix} + 5 \cdot \begin{vmatrix} 2 & 5 & -3 \\ 1 & 3 & -2 \\ -1 & -6 & 4 \end{vmatrix}$$

Wenn Sie die kleineren Determinanten nach der Sarrus-Regel berechnen, finden Sie

$$-2(-7) + 3(-17) + 2 \cdot 23 + 5(-1) = 4$$

(9)
$$\begin{vmatrix} \boxed{1} & x & x^2 \\ 1 & y & y^2 \\ 1 & z & z^2 \end{vmatrix} = \begin{vmatrix} 1 & x & x^2 \\ 0 & y-x & y^2-x^2 \\ 0 & z-x & z^2-x^2 \end{vmatrix} = \begin{vmatrix} 1 & 0 & 0 \\ 0 & \boxed{y-x} & y^2-x^2 \\ 0 & z-x & z^2-x^2 \end{vmatrix}$$

$$= (y-x) \cdot \begin{vmatrix} 1 & 0 & 0 \\ 0 & 1 & y+x \\ 0 & z-x & z^2-x^2 \end{vmatrix}$$

$$= (y-x) \cdot \begin{vmatrix} 1 & 0 & 0 \\ 0 & 1 & y+x \\ 0 & 0 & (z-x)(z-y) \end{vmatrix}$$

$$= (y-x)(z-x)(z-y) \ .$$

Die Determinante verschwindet, wenn 2 dieser Zahlen übereinstimmen.

(10) *Wir zeigen dies für die Vertauschung der beiden ersten Zeilen :*

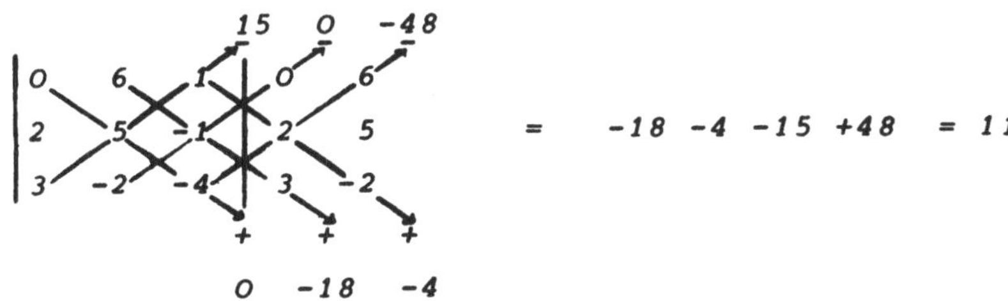

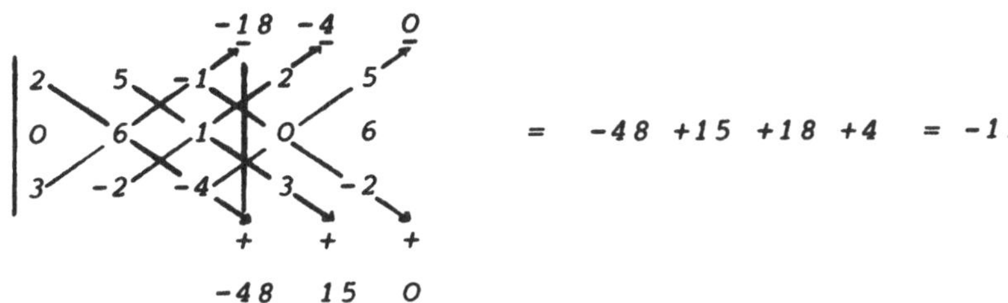

Zeigen Sie den Vorzeichenwechsel für weitere Vertauschungen !

(11) Wir zeigen dies für die erste Spalte :

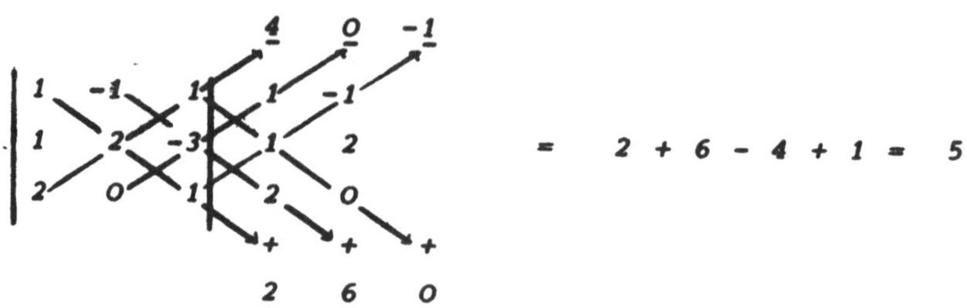

$$= \quad 2 + 6 - 4 + 1 = 5$$

$$\begin{vmatrix} 2\cdot 1 & -1 & 1 \\ 2\cdot 1 & 2 & -3 \\ 2\cdot 2 & 0 & 1 \end{vmatrix} =$$

$$= \quad 4 + 12 - 8 + 2 \;=\; 2 \cdot 5$$

(12) $\begin{vmatrix} 1 & 0 & -2 \\ -2 & 3 & 1 \\ 3 & 3 & -4 \end{vmatrix} = \begin{vmatrix} 1 & 0 & -2 \\ 0 & 3 & -3 \\ 0 & 3 & 2 \end{vmatrix} = \begin{vmatrix} 1 & 0 & -2 \\ 0 & 3 & -3 \\ 0 & 0 & 5 \end{vmatrix} = 1\cdot 3\cdot 5 = 15$

$$\begin{vmatrix} 1 & -1 & 4 & 3 \\ 2 & 1 & 3 & 2 \\ 3 & 0 & 1 & -2 \\ 2 & 2 & -1 & 1 \end{vmatrix} = \begin{vmatrix} 1 & -1 & 4 & 3 \\ 0 & 3 & -5 & -4 \\ 0 & 3 & -11 & -11 \\ 0 & 4 & -9 & -5 \end{vmatrix} = \begin{vmatrix} 1 & -1 & 4 & 3 \\ 0 & 3 & -5 & -4 \\ 0 & 0 & -6 & -7 \\ 0 & 0 & -\frac{7}{3} & \frac{1}{3} \end{vmatrix}$$

$$= \begin{vmatrix} 1 & -1 & 4 & 3 \\ 0 & 3 & -5 & -4 \\ 0 & 0 & -6 & -7 \\ 0 & 0 & 0 & \frac{55}{18} \end{vmatrix} = 1 \cdot 3 \cdot (-6)\cdot \frac{55}{18} = -55$$

(1)

$$\det A = \begin{vmatrix} 2 & 3 \\ -1 & 1 \end{vmatrix} = 5$$

$$\det B = \begin{vmatrix} -2 & 0 \\ 3 & -1 \end{vmatrix} = 2$$

$$A \cdot B = \begin{pmatrix} 2 & 3 \\ -1 & 1 \end{pmatrix} \begin{pmatrix} -2 & 0 \\ 3 & -1 \end{pmatrix} = \begin{pmatrix} 5 & -3 \\ 5 & -1 \end{pmatrix}$$

$$\det (A \cdot B) = \begin{vmatrix} 5 & -3 \\ 5 & -1 \end{vmatrix} = 1o$$

$$\det A \quad \cdot \quad \det B = 5 \cdot 2 = 1o = \det(A \cdot B) \quad .$$

(2) $\det A = \dfrac{7}{6}$ $\det B = 6$ $\det A \cdot \det B = 7$

$$A \cdot B = \begin{pmatrix} 3 & -8 & 1 \\ \dfrac{3}{2} & -2 & -\dfrac{1}{3} \\ \dfrac{9}{4} & 1 & -1 \end{pmatrix} \qquad \det (A \cdot B) = 7$$

(3) $3x \ - \ 5y \ = \ 4$
 $5x \ - \ 4y \ = \ 11$

$$x = \frac{\begin{vmatrix} 4 & -5 \\ 11 & -4 \end{vmatrix}}{\begin{vmatrix} 3 & -5 \\ 5 & -4 \end{vmatrix}} = \frac{39}{13} = 3$$

$$y = \frac{\begin{vmatrix} 3 & 4 \\ 5 & 11 \end{vmatrix}}{\begin{vmatrix} 3 & -5 \\ 5 & -4 \end{vmatrix}} = \frac{13}{13} = 1$$

(4)
$$\begin{aligned} 2x &+ y - 2z = 10 \\ 3x &+ 2y + 2z = 1 \\ 5x &+ 4y + 3z = 4 \end{aligned}$$

$$x = \frac{\begin{vmatrix} 10 & 1 & -2 \\ 1 & 2 & 2 \\ 4 & 4 & 3 \end{vmatrix}}{\begin{vmatrix} 2 & 1 & -2 \\ 3 & 2 & 2 \\ 5 & 4 & 3 \end{vmatrix}} = \frac{-7}{-7} = 1$$

$$y = \frac{\begin{vmatrix} 2 & 10 & -2 \\ 3 & 1 & 2 \\ 5 & 4 & 3 \end{vmatrix}}{\begin{vmatrix} 2 & 1 & -2 \\ 3 & 2 & 2 \\ 5 & 4 & 3 \end{vmatrix}} = \frac{-14}{-7} = 2$$

$$z = \frac{\begin{vmatrix} 2 & 1 & 10 \\ 3 & 2 & 1 \\ 5 & 4 & 4 \end{vmatrix}}{\begin{vmatrix} 2 & 1 & -2 \\ 3 & 2 & 2 \\ 5 & 4 & 3 \end{vmatrix}} = \frac{21}{-7} = -3$$

Man sieht, daß der Gaußsche Algorithmus schneller
zum Ziel führt.

(5)   Dieses System kann man nicht mit der Cramerschen
Regel lösen, da die Determinante der Koeffizien-
tenmatrix verschwindet. (Es ist aber mit dem
Gaußschen Algorithmus lösbar und läßt eine freie
Variable zu.)

(6) Wenden Sie den Multiplikationssatz über Determinanten
     auf das Produkt $A \cdot A^{-1} = E$ an :

$$\det (A \cdot A^{-1}) = \det E = 1$$

$$\downarrow$$

$$\det A \cdot \det A^{-1} = 1$$

Beide Faktoren sind $\neq 0$, da ihr Produkt $\neq 0$.
Also folgt :

$$\det A^{-1} = \frac{1}{\det A} \ .$$

(7) Wenn $\det A \neq 0$ ist, dann ist bekanntlich die
     Matrix $B = (b_{ij})$ mit

$$b_{ij} = \frac{(-1)^{i+j} |A_{ji}|}{\det A}$$

die Inverse zu A.

Umgekehrt, wenn A^{-1} existiert, dann ist $\det A \neq 0$.
Denn es gilt $\det A \cdot \det A^{-1} = \det (A \cdot A^{-1}) = \det E = 1$,
und hier kann det A nicht verschwinden, sonst wäre
auch das Produkt Null.

(8) Zunächst einmal existiert A^{-1}, da $\det A = 1 \cdot 1 \cdot 1 \neq 0$.
     (A ist Dreiecksmatrix)
     Die Elemente von A^{-1} berechnet man nach der Formel
     wie folgt :

$$b_{11} = \frac{(-1)^{1+1} |A_{11}|}{1} = |A_{11}| = \begin{vmatrix} 1 & 0 \\ 1 & 1 \end{vmatrix} = 1$$

$$b_{12} = (-1)^{1+2} |A_{21}| = - \begin{vmatrix} 0 & 0 \\ 1 & 1 \end{vmatrix} = 0$$

$$b_{13} = (-1)^{1+3} |A_{31}| = \begin{vmatrix} 0 & 0 \\ 1 & 0 \end{vmatrix} = 0$$

$$b_{21} = (-1)^{2+1} |A_{12}| = - \begin{vmatrix} 1 & 0 \\ 1 & 1 \end{vmatrix} = -1$$

$$b_{22} = |A_{22}| = \begin{vmatrix} 1 & 0 \\ 1 & 1 \end{vmatrix} = 1$$

$$b_{23} = -|A_{32}| = - \begin{vmatrix} 1 & 0 \\ 1 & 0 \end{vmatrix} = 0$$

$$b_{31} = |A_{13}| = \begin{vmatrix} 1 & 1 \\ 1 & 1 \end{vmatrix} = 0$$

$$b_{32} = -|A_{23}| = - \begin{vmatrix} 1 & 0 \\ 1 & 1 \end{vmatrix} = -1$$

$$b_{33} = |A_{33}| = \begin{vmatrix} 1 & 0 \\ 1 & 1 \end{vmatrix} = 1$$

Also gilt $\qquad A^{-1} = (b_{ij}) = \begin{pmatrix} 1 & 0 & 0 \\ -1 & 1 & 0 \\ 0 & -1 & 1 \end{pmatrix}$.

Verifizieren Sie $A \cdot A^{-1} = A^{-1} \cdot A = E$!

(9)

$$\det A = \begin{vmatrix} 4 & 1 & 2 \\ -2 & -1 & 4 \\ 6 & -3 & -2 \end{vmatrix} \qquad \det A = 100$$

$$-12 \quad -48 \quad 4 \qquad 8 \quad 24 \quad 12 \qquad = 100$$

$$\det A^T = \begin{vmatrix} 4 & -2 & 6 \\ 1 & -1 & -3 \\ 2 & 4 & -2 \end{vmatrix}$$

$$-12 \quad -48 \quad 4 \qquad 8 \quad 12 \quad 24 \qquad = 100$$

det $A^T = 100 = $ *det* A .

(10)

$$\begin{vmatrix} \lambda a & b \\ \lambda c & d \end{vmatrix} = \lambda ad - \lambda cb = \lambda(ad - bc) = \lambda \begin{vmatrix} a & b \\ c & d \end{vmatrix}$$

$$\begin{vmatrix} a_1 + a_2 & b \\ c_1 + c_2 & d \end{vmatrix} = (a_1 + a_2)d - (c_1 + c_2)b$$

$$= (a_1 d - c_1 b) + (a_2 d - c_2 b)$$

$$= \begin{vmatrix} a_1 & b \\ c_1 & d \end{vmatrix} + \begin{vmatrix} a_2 & b \\ c_2 & d \end{vmatrix} \quad .$$

Analog zeigt man die dritte Gleichheit.

(11)

$$A_1 + \lambda E = \begin{pmatrix} 1 & 2 \\ -1 & 4 \end{pmatrix} + \lambda \begin{pmatrix} 1 & 0 \\ 0 & 1 \end{pmatrix} = \begin{pmatrix} 1 & 2 \\ -1 & 4 \end{pmatrix} + \begin{pmatrix} \lambda & 0 \\ 0 & \lambda \end{pmatrix}$$

$$= \begin{pmatrix} \lambda+1 & 2 \\ -1 & \lambda+4 \end{pmatrix}$$

$$\det(A_1 + \lambda E) = \begin{vmatrix} \lambda+1 & 2 \\ -1 & \lambda+4 \end{vmatrix} = (\lambda+1)(\lambda+4) + 2$$

$$= \lambda^2 + 5\lambda + 6$$

$$= (\lambda+2)(\lambda+3) \quad .$$

$$A_2 + \lambda E = \begin{pmatrix} 1 & 1 & 1 \\ 0 & 2 & 1 \\ 0 & 0 & -1 \end{pmatrix} + \lambda \begin{pmatrix} 1 & 0 & 0 \\ 0 & 1 & 0 \\ 0 & 0 & 1 \end{pmatrix} = \begin{pmatrix} \lambda+1 & 1 & 1 \\ 0 & \lambda+2 & 1 \\ 0 & 0 & \lambda-1 \end{pmatrix}$$

$$\det(A_2 + \lambda E) = \begin{vmatrix} \lambda+1 & 1 & 1 \\ 0 & \lambda+2 & 1 \\ 0 & 0 & \lambda-1 \end{vmatrix} = (\lambda+1)(\lambda+2)(\lambda-1) \quad .$$

(12)

$$A = \begin{pmatrix} a_{11} & a_{12} \\ a_{21} & a_{22} \end{pmatrix} \qquad \det A = \Delta = a_{11}a_{22} - a_{12}a_{21} \neq 0.$$

Es gilt $\quad |A_{11}| = a_{22}$, $\quad |A_{12}| = a_{21}$, $\quad |A_{21}| = a_{12}$,

$$|A_{22}| = a_{11} .$$

Man hat $A^{-1} = (a'_{ij})$ mit $a'_{ij} = (-1)^{i+j} \dfrac{|A_{ji}|}{\Delta}$.

Also ist $\quad A^{-1} = \begin{pmatrix} \dfrac{|A_{11}|}{\Delta} & -\dfrac{|A_{21}|}{\Delta} \\ -\dfrac{|A_{12}|}{\Delta} & \dfrac{|A_{22}|}{\Delta} \end{pmatrix} = \dfrac{1}{\Delta}\begin{pmatrix} a_{22} & -a_{12} \\ -a_{21} & a_{11} \end{pmatrix}$

(13) a) 3,2,1   Es ist $p(1) = 3$, $p(2) = 2$, $p(3) = 1$.

 1,2,3   Es ist $p(1) = 1$, $p(2) = 2$, $p(3) = 3$.

 b) Von n Zahlen gibt es n! Permutationen :

 $(1,2,3),(1,3,2),(2,1,3),(2,3,1),(3,1,2),(3,2,1)$

 c) 3,1,2,4   3 kommt vor 1 und 2: zwei Inversionen

 1,2,3   0 Inversionen

 4,3,2,1   6 Inversionen

 d) sign $(3,1,2,4) = 1$

 sign $(1,2,3)\ \ \ = 1$

 sign $(4,3,2,1) = 1$

 e) Alle möglichen Permutationen von 1,2,3 sind in b) aufgeführt. Dann ist :

$$\begin{vmatrix} a_{11} & a_{12} & a_{13} \\ a_{21} & a_{22} & a_{23} \\ a_{31} & a_{32} & a_{33} \end{vmatrix} = \begin{array}{l} a_{11}a_{12}a_{13} + a_{12}a_{23}a_{31} + a_{13}a_{21}a_{32} \\ -a_{13}a_{22}a_{31} - a_{11}a_{23}a_{32} - a_{12}a_{21}a_{33} \end{array}$$

(14)   a) *Eine (n,n)-Matrix hat höchstens n Eigenwerte:*
        das charakteristische Polynom ist vom Grad n und
        hat nach dem Fundamentalsatz der Algebra höchstens
        n Nullstellen.

        b) *Das charakteristische Polynom ist :*

$$\begin{vmatrix} \frac{1}{9}-t & \frac{5}{84} \\ \frac{7}{6} & \frac{1}{12}-t \end{vmatrix} = (\frac{1}{9}-t)(\frac{1}{12}-t) - \frac{5}{84}\cdot\frac{7}{6}$$

   Die Nullstellen des Polynoms sind $-\frac{1}{12}$ *und* $\frac{1}{2}$.

   c) *Die Eigenvektoren zu* $-\frac{1}{12}$ *und* $\frac{1}{2}$ *sind alle Viel-*
      fachen von

$$\begin{pmatrix} -\frac{12}{7} \\ 12 \end{pmatrix} \quad bzw. \quad \begin{pmatrix} \frac{30}{7} \\ 12 \end{pmatrix} .$$

<u>**Lösungen zu 2.9.1.**</u>

(1) **Produktionsmatrix = Q = (q_{ij}), wobei q_{ij} = Bedarf der Betriebsstätte j aus der Produktion der Betriebsstätte i, um eine Mengeneinheit des j-ten Gutes herzustellen.**

Auf unseren Fall angewandt, ergibt sich:

$$q_{11} = \frac{6}{20}, \qquad q_{12} = \frac{4}{10}, \qquad q_{13} = \frac{2}{10},$$

$$q_{21} = \frac{2}{20}, \qquad q_{22} = \frac{1}{10}, \qquad q_{23} = \frac{2}{10},$$

$$q_{31} = \frac{3}{20}, \qquad q_{32} = \frac{3}{10}, \qquad q_{33} = \frac{1}{10},$$

$$Q = \begin{pmatrix} \frac{6}{20} & \frac{4}{10} & \frac{2}{10} \\ \frac{2}{20} & \frac{1}{10} & \frac{2}{10} \\ \frac{3}{20} & \frac{3}{10} & \frac{1}{10} \end{pmatrix}$$

Technologiematrix = $E-Q$ = $\begin{pmatrix} \frac{14}{20} & \frac{-4}{10} & \frac{-2}{10} \\ \frac{-2}{20} & \frac{9}{10} & \frac{-2}{10} \\ \frac{-3}{20} & \frac{-3}{10} & \frac{9}{10} \end{pmatrix}$

Es gilt:

$$\text{Nachfrage} = \begin{pmatrix} 8 \\ 5 \\ 3 \end{pmatrix} = \begin{pmatrix} \frac{14}{20} & \frac{-4}{10} & \frac{-2}{10} \\ \frac{-2}{20} & \frac{9}{10} & \frac{-2}{10} \\ \frac{-3}{20} & \frac{-3}{10} & \frac{9}{10} \end{pmatrix} \cdot \begin{pmatrix} 20 \\ 10 \\ 10 \end{pmatrix}$$

(2) **Technologiematrix** $= E-Q = \begin{pmatrix} o,8 & -o,1 & -o,1 \\ O & o,8 & -o,2 \\ -o,2 & -o,3 & o,75 \end{pmatrix}$

Nachfrage $= \begin{pmatrix} o,8 & -o,1 & -o,1 \\ O & o,8 & -o,2 \\ -o,2 & -o,3 & o,75 \end{pmatrix} \cdot \begin{pmatrix} 1oo \\ 1oo \\ 2oo \end{pmatrix} = \begin{pmatrix} 5o \\ 4o \\ 1oo \end{pmatrix}$

Es werden also 5o Einheiten vom ersten Gut, 4o vom zweiten Gut und 1oo vom dritten Gut abgegeben.

(3) *Nach Voraussetzung existiert ein* $q \geqq O$ *mit* $q_i > O$, *sodaß* $(E-Q)\cdot q \geqq O$ *gilt.*

Daraus folgt $\qquad q_i - \sum_{j=1}^{n} q_{ij}\cdot q_j \;\geqq\; O$.

Dann ist erst recht $\quad q_i - q_{ii}\cdot q_i \;\geqq\; O$.

Wegen $q_i > O$ *hat man* $\;1 - q_{ii} \geqq O$, *d.h.* $\quad q_{ii} \leqq 1$.

(4) *Es gilt:*

$$(E-Q)q = \begin{pmatrix} 1-q_{11} & -q_{12} \cdots -q_{1n} \\ -q_{21} & \cdots\cdots\cdots -q_{2n} \\ \cdot & \cdot \\ \cdot & \cdot \\ \cdot & \cdot \\ -q_{n1} & \cdots\cdots\cdots 1-q_{nn} \end{pmatrix} \cdot \begin{pmatrix} q_1 \\ q_2 \\ \cdot \\ \cdot \\ \cdot \\ q_n \end{pmatrix} = y$$

*Wir wählen q so, daß für ein bestimmtes i $q_i=1$ und
die Produktionen der anderen Betriebsstätten gleich
Null sind.*

Dann ist (E-Q)q die i-te Spalte von (E-Q) :

$$\begin{pmatrix} -q_{1i} \\ \cdot \\ \cdot \\ \cdot \\ \cdot \\ 1-q_{ii} \\ \cdot \\ \cdot \\ \cdot \\ \cdot \\ -q_{ni} \end{pmatrix}$$

*Dieser Spaltenvektor, der dann als Nachfrage zu inter-
pretieren ist, hat aber ökonomisch nur einen Sinn, wenn
$q_{ki} = 0$ für $k \neq i$ und $0 \leq q_{ii} \leq 1$. Genau dann, wenn
diese beiden Bedingungen für jede Betriebsstätte erfüllt
sind, kann jede Produktion realisiert werden.*

<u>*Lösungen zu 2.9.2.*</u>

(1)   Es ist

$$q \;=\; (E-Q)^{-1} \cdot \begin{pmatrix} 55 \\ 35 \\ 45 \\ 75 \end{pmatrix} \;=\; \frac{1}{3} \cdot \begin{pmatrix} 298 \\ 266 \\ 322 \\ 374 \end{pmatrix}$$

(2)   Auch die Produktion ändert sich um 1o % .
Begründung: Nehmen wir an, daß sich die Nachfrage
y um 1o % erhöht.

Dann ist $\qquad y_{neu} \;=\; 1,1\; y$

Aus $\qquad (E-Q)q = y$
folgt $\qquad 1,1 \cdot (E-Q)q = 1,1\; y$
oder $\qquad (E-Q) \cdot (1,1q) = y_{neu}$.

Hierbei ist $1,1 \cdot q$ die um 1o % gestiegene Pro-
duktion.

(3)   Es sei e_j der Einheitsvektor, der in der j-ten Zeile
eine Eins hat. Dann ist

$$(E-Q)^{-1} \cdot e_j = \begin{pmatrix} q'_{11} & \cdots & q'_{1n} \\ \cdot & & \cdot \\ \cdot & & \cdot \\ \cdot & & \cdot \\ q'_{n1} & \cdots & q'_{nn} \end{pmatrix} \cdot e_j = \begin{pmatrix} q'_{1j} \\ q'_{2j} \\ \cdot \\ \cdot \\ q'_{nj} \end{pmatrix} ,$$

wobei die q'_{ij} die Koeffizienten von $(E-Q)^{-1}$ bezeich-
nen. Die j-te Spalte, die sich hier ergibt, ist als
Produktion anzusehen.
Daher: q'_{ij} ist die Gütermenge, welche die i-te Betriebs-
stätte erstellt, damit eine Einheit des j-ten Gutes nach
außen abgegeben werden kann.

*(4)   Nein. Begründung: Es sei $q_{ij}^{\,\prime}$ derjenige Koeffizient
in $(E-Q)^{-1}$, der negativ ist. Eine negative Güter-
menge ist aber ökonomisch sinnlos (siehe Aufgabe (3)!).*

(5)   Die i-te Komponente von $Q \cdot y$ ist

$$\sum_{j=1}^{n} q_{ij} \cdot y_j \ .$$

*Sie gibt die Quantität an, welche die i-te Betriebs-
stätte den Betriebsstätten der Unternehmung zur Verfügung stellen muß, damit diese y an den exogenen
Bereich abgeben.
Diese Quantitäten sind aber herzustellen und zwar von
der betrachteten Unternehmung; Q(Qy) gibt die zur Erstellung dieser Quantitäten benötigten Produktmengen
an, die wiederum zu erzeugen sind : $Q^3 y$.
Summiert man die Gütermengen auf (Grenzwert !), so erhält man die sogenannte Neumannsche Reihe. Sie gibt
die Produktion q an, falls diese existiert :*

$$q \ = \ y + Qy + Q^2 y + \ldots + Q^n y + \ldots$$

(6)   Es ist :

$$|E-Q| \ = \ -\frac{1}{16} < 0 \ .$$

Die Hawkins-Simon-Bedingung ist also nicht erfüllt.

(7)   *Nach Voraussetzung existiert ein* $q \geq 0$, *so daß*
    die i-te Komponente von $y = (E-Q)q$ *positiv ist :*

$$q_i - \sum_{j=1}^{n} q_{ij} \cdot q_j > 0$$

$$\rightarrow q_i - q_{ii} \cdot q_i > 0 \qquad |: q_i$$

$$\rightarrow 1 - q_{ii} > 0 \qquad d.h. \qquad q_{ii} < 1$$

(8)

$$(E-Q) = \begin{pmatrix} \frac{4}{5} & -\frac{1}{5} \\ -\frac{1}{2} & \frac{3}{4} \end{pmatrix}$$

$$\det (E-Q) = \frac{12}{20} - \frac{1}{10} = \frac{1}{2}$$

$$(E-Q)^{-1} = \begin{pmatrix} \frac{3}{4} : \frac{1}{2} & \frac{1}{5} : \frac{1}{2} \\ \frac{1}{2} : \frac{1}{2} & \frac{1}{5} : \frac{1}{2} \end{pmatrix} = \begin{pmatrix} \frac{3}{2} & \frac{2}{5} \\ 1 & \frac{8}{5} \end{pmatrix}$$

Der gesuchte Produktionswert ist $q = (E-Q)^{-1} \cdot b$:

$$q = \begin{pmatrix} \frac{3}{2} & \frac{2}{5} \\ 1 & \frac{8}{5} \end{pmatrix} \cdot \begin{pmatrix} 20 \\ 50 \end{pmatrix} = \begin{pmatrix} 50 \\ 100 \end{pmatrix}$$

Diese Volkswirtschaft kann jeden Bedarf decken, da
$(E-Q)^{-1} \geq 0$ *ist. Bei jedem* $b \geq 0$ *ist nämlich*
$q = (E-Q)^{-1} \cdot b \geq 0$ *und damit ökonomisch sinnvoll.*

(9)   Sei b eine höhere Nachfrage als b': $b \geqq b'$.
Zu zeigen ist, daß für die entsprechenden Produktionen $q \geqq q'$ gilt.

Es ist $q = (E-Q)^{-1} \cdot b$ und $q' = (E-Q)^{-1} \cdot b'$.

Da $b \geqq b'$ und $(E-Q)^{-1} \geqq 0$ ist, gilt offensichtlich

$$q \geqq q' \quad .$$

(1o) Offenbar ist $q \geqq q'$.

$$b = (E-Q)q = \begin{pmatrix} 1 & -\frac{1}{6} \\ -1 & 1 \end{pmatrix} \cdot \begin{pmatrix} 1 \\ 3 \end{pmatrix} = \begin{pmatrix} \frac{1}{2} \\ 2 \end{pmatrix}$$

$$b' = (E-Q)q' = \begin{pmatrix} 1 & -\frac{1}{6} \\ -1 & 1 \end{pmatrix} \cdot \begin{pmatrix} 1 \\ 2 \end{pmatrix} = \begin{pmatrix} \frac{2}{3} \\ 1 \end{pmatrix}$$

Es gilt aber nicht $b \geqq b'$.

(11)
$$(E-Q) = \begin{pmatrix} 0 & 0 \\ -2 & 1 \end{pmatrix}$$

$$y = (E-Q)q = \begin{pmatrix} 0 & 0 \\ -2 & 1 \end{pmatrix} \cdot \begin{pmatrix} 1 \\ 3 \end{pmatrix} = \begin{pmatrix} 0 \\ 1 \end{pmatrix}$$

$$y' = (E-Q)q' = \begin{pmatrix} 0 & 0 \\ -2 & 1 \end{pmatrix} \cdot \begin{pmatrix} \frac{5}{4} \\ 3 \end{pmatrix} = \begin{pmatrix} 0 \\ \frac{1}{2} \end{pmatrix}$$

Es gilt $q' > q$, aber $y' < y$.

(12) 1.

$$Q = \begin{pmatrix} \dfrac{1}{1o} & \dfrac{2}{2o} & \dfrac{6}{3o} \\[2mm] \dfrac{3}{1o} & \dfrac{4}{2o} & \dfrac{3}{3o} \\[2mm] \dfrac{4}{1o} & \dfrac{2}{2o} & \dfrac{9}{3o} \end{pmatrix} = \begin{pmatrix} \dfrac{1}{1o} & \dfrac{1}{1o} & \dfrac{1}{5} \\[2mm] \dfrac{3}{1o} & \dfrac{1}{5} & \dfrac{1}{1o} \\[2mm] \dfrac{2}{5} & \dfrac{1}{1o} & \dfrac{3}{1o} \end{pmatrix}$$

$$E-Q = \begin{pmatrix} \dfrac{9}{1o} & \dfrac{-1}{1o} & \dfrac{-1}{5} \\[2mm] \dfrac{-3}{1o} & \dfrac{4}{5} & \dfrac{-1}{1o} \\[2mm] \dfrac{-2}{5} & \dfrac{-1}{1o} & \dfrac{7}{1o} \end{pmatrix}$$

2.

$$(E-Q)^{-1} = \begin{pmatrix} \dfrac{11}{8} & \dfrac{9}{4o} & \dfrac{17}{4o} \\[2mm] \dfrac{5}{8} & \dfrac{11}{8} & \dfrac{3}{8} \\[2mm] \dfrac{7}{8} & \dfrac{13}{4o} & \dfrac{69}{4o} \end{pmatrix}$$

3.

$$y = (E-Q)q = \begin{pmatrix} \dfrac{9}{1o} & \dfrac{-1}{1o} & \dfrac{-1}{5} \\[2mm] \dfrac{-3}{1o} & \dfrac{4}{5} & \dfrac{-1}{1o} \\[2mm] \dfrac{-2}{5} & \dfrac{-1}{1o} & \dfrac{7}{1o} \end{pmatrix} \cdot \begin{pmatrix} 1o \\[2mm] 3o \\[2mm] 1o \end{pmatrix} = \begin{pmatrix} 4 \\[2mm] 2o \\[2mm] 0 \end{pmatrix}$$

4.

$$y = (E-Q)^{-1} \cdot q = \begin{pmatrix} \dfrac{11}{8} & \dfrac{9}{4o} & \dfrac{17}{4o} \\[2mm] \dfrac{5}{8} & \dfrac{11}{8} & \dfrac{3}{8} \\[2mm] \dfrac{7}{8} & \dfrac{13}{4o} & \dfrac{69}{4o} \end{pmatrix} \begin{pmatrix} 2 \\[2mm] 19 \\[2mm] 7 \end{pmatrix} = \begin{pmatrix} 1o \\[2mm] 3o \\[2mm] 2o \end{pmatrix}$$

(13)
$$(E-Q) = \begin{pmatrix} 1 & -\frac{1}{2} & 0 \\ -\frac{1}{2} & 1 & 0 \\ 0 & 0 & \frac{1}{2} \end{pmatrix}$$

Hauptminoren: $\quad \left| 1 \right| = 1 > 0$

$$\begin{vmatrix} 1 & -\frac{1}{2} \\ -\frac{1}{2} & 1 \end{vmatrix} = \frac{3}{4} > 0$$

$$\begin{vmatrix} 1 & -\frac{1}{2} & 0 \\ -\frac{1}{2} & 1 & 0 \\ 0 & 0 & \frac{1}{2} \end{vmatrix} = \frac{3}{8} > 0 \; .$$

Die Hawkins-Simon-Bedingung ist erfüllt. Also ist
$(E-Q)^{-1} \geqq 0$ *und die Volkswirtschaft kann jeden Be-*
darf decken.
Wir berechnen $(E-Q)^{-1}$:

$$\left(\begin{array}{ccc|ccc} ① & -\frac{1}{2} & 0 & 1 & 0 & 0 \\ -\frac{1}{2} & 1 & 0 & 0 & 1 & 0 \\ 0 & 0 & \frac{1}{2} & 0 & 0 & 1 \end{array} \right) \rightarrow \left(\begin{array}{ccc|ccc} 1 & -\frac{1}{2} & 0 & 1 & 0 & 0 \\ 0 & \frac{3}{4} & 0 & \frac{1}{2} & 1 & 0 \\ 0 & 0 & ⑫ & 0 & 0 & 1 \end{array} \right)$$

$$\rightarrow \left(\begin{array}{ccc|ccc} 1 & -\frac{1}{2} & 0 & 1 & 0 & 0 \\ 0 & ③④ & 0 & \frac{1}{2} & 1 & 0 \\ 0 & 0 & 1 & 0 & 0 & 2 \end{array} \right) \rightarrow \left(\begin{array}{ccc|ccc} 1 & 0 & 0 & \frac{4}{3} & \frac{2}{3} & 0 \\ 0 & 1 & 0 & \frac{2}{5} & \frac{4}{3} & 0 \\ 0 & 0 & 1 & 0 & 0 & 2 \end{array} \right)$$

$$(E-Q)^{-1} = \begin{pmatrix} \frac{4}{3} & \frac{2}{3} & 0 \\ \frac{2}{5} & \frac{4}{3} & 0 \\ 0 & 0 & 2 \end{pmatrix} \geqq 0 \; .$$

(14)

$$E-Q = \begin{pmatrix} 0 & 0 \\ 0 & \frac{1}{2} \end{pmatrix}$$

Die Hauptminoren verschwinden, also ist die Hawkins-Simon-Bedingung nicht erfüllt.

Es gilt $\quad y = (E-Q)q = \begin{pmatrix} 0 & 0 \\ 0 & \frac{1}{2} \end{pmatrix} \cdot \begin{pmatrix} q_1 \\ q_2 \end{pmatrix} = \begin{pmatrix} 0 \\ \frac{q_2}{2} \end{pmatrix}$

Eine positive Nachfrage für das erste Gut kann also überhaupt nicht befriedigt werden. Das ist auch aus Aufgabe (7) ersichtlich, da q_{11} *nicht kleiner als 1 ist.*

(15)

$$(E-Q) = \begin{pmatrix} 1 & -\frac{2}{3} & 0 \\ 0 & 1 & -\frac{2}{3} \\ -\frac{1}{3} & 0 & 0 \end{pmatrix}$$

Hauptminoren: $\quad \left| 1 \right| = 1 > 0$

$$\begin{vmatrix} 1 & -\frac{2}{3} \\ 0 & 1 \end{vmatrix} = 1 > 0$$

$$\begin{vmatrix} 1 & -\frac{2}{3} & 0 \\ 0 & 1 & -\frac{2}{3} \\ -\frac{1}{3} & 0 & 0 \end{vmatrix} = -\frac{4}{27} < 0$$

Die Hawkins-Simon-Bedingung ist nicht erfüllt.

Es gilt $\quad (E-Q)^{-1} = \begin{pmatrix} 0 & 0 & -3 \\ -\frac{3}{2} & 0 & -\frac{9}{2} \\ -\frac{9}{4} & -\frac{3}{2} & -\frac{27}{4} \end{pmatrix}$

$q = (E-Q)^{-1} \cdot y$ *ist für eine positive Nachfrage immer negativ, also kann diese Volkswirtschaft überhaupt nichts leisten.*

<u>**Lösungen zu 2.9.3.**</u>

(1)   Es gilt $P = (p_{ij})$ mit $p_{ij} = \dfrac{q_{ij} \cdot p_i}{p_j}$

$$p_{11} = \frac{1}{5} \cdot \frac{2}{2} = \frac{1}{5} \qquad\qquad p_{12} = \frac{1}{4} \cdot \frac{2}{4} = \frac{1}{8}$$

$$p_{21} = \frac{2}{5} \cdot \frac{4}{2} = \frac{4}{5} \qquad\qquad p_{22} = \frac{1}{2} \cdot \frac{4}{4} = \frac{1}{2}$$

$$P = \begin{pmatrix} \frac{1}{5} & \frac{1}{8} \\ \frac{4}{5} & \frac{1}{2} \end{pmatrix}$$

(2)   Die erste Betriebsstätte produziert zwar verlustlos, aber nicht wirtschaftlich, die zweite jedoch
wirtschaftlich.

(3)   Die Preise der Güter seien p_1 und p_2. Dann ist

$$P = \begin{pmatrix} 0 & \dfrac{p_1}{p_2} \\ \dfrac{2p_2}{p_1} & 0 \end{pmatrix}$$

Damit beide Sektoren verlustlos produzieren, müßte
gelten :

$$\frac{2p_2}{p_1} \leqq 1 \quad\text{und}\quad \frac{p_1}{p_2} \leqq 1 \quad.$$

Daraus folgt $2p_2 \leqq p_1$ und $p_1 \leqq p_2$

und $2p_2 \leqq p_2$.

Die letzte Ungleichung stellt einen Widerspruch dar.

<u>*Lösungen zu 3.1.1.*</u>

(1)

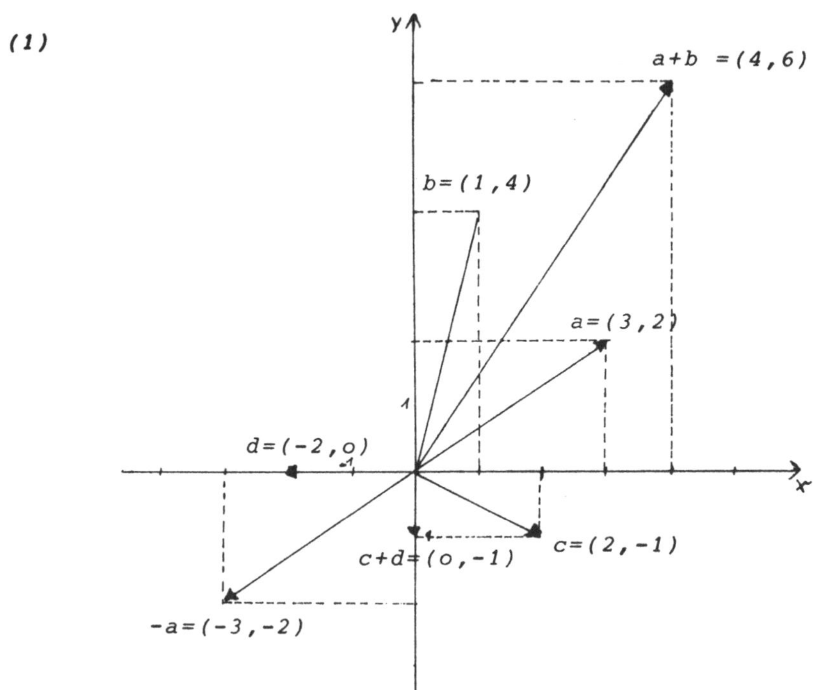

(2)   *(2,-1,1,0) + (3,3,-3,2)*   *=*   *(5,2,-2,2)*

(1,1,1,1) - (o,o,o,o)   *=*   *(1,1,1,1)*

2 · (5,4,1,-4)   *=*   *(1o,8,2,-8)*

- (-1,2,o,3)   *=*   *(1,-2,o,-3)*

(5,1o,-6,8) - (2,7,8) ist nicht definiert, da der

zweite Vektor nicht zu $\mathbf{R}^4$*, sondern zu* $\mathbf{R}^3$ *gehört.*

(3)   *a + b = (3,o,-2) = b + a*

(a+b)+c = (3,o,-2) + (o,3,1) = (3,3,-1)

a+(b+c) = (2,-1,o) + (1,4,-1)= (3,3,-1)

Also ist (a+b)+c = a+ (b+c) .

2(a+b) = 2(3,o,-2)   = (6,o,-4)

2a + 2b = (4,-2,o) + (2,2,-4) = (6,o,-4)

Also gilt 2(a+b) = 2a + 2b .

Entsprechend : (7-3)c = 7c - 3c .

(1) Das neutrale Element :   (o,o)

$(a,b) + (o,o) = (a,b)$.

Das Inverse : (-a,-b)

$(a,b) + (-a,-b) = (o,o)$.

Assoziativgesetz :

$$\{(a_1,b_1) + (a_2,b_2)\} + (a_3,b_3) = (a_1,b_1) + \{(a_2,b_2)+(a_3,b_3)\}$$
$$= (a_1+a_2+a_3 , b_1+b_2+b_3)$$

Kommutativgesetz :

$$(a_1,b_1) + (a_2,b_2) = (a_2,b_2) + (a_1,b_1) = (a_1+a_2 , b_1+b_2)$$

$$\lambda\{(a_1,b_1)+(a_2,b_2)\} = \lambda(a_1,b_1) + \lambda(a_2,b_2) =$$
$$= (\lambda a_1+\lambda a_2 , \lambda b_1+\lambda b_2)$$

$$(\lambda+\mu)(a,b) = \lambda(a,b) + \mu(a,b) = (\lambda a+\mu a , \lambda b+\mu b)$$

$$\lambda\{\mu(a,b)\} = (\lambda\mu)(a,b) = (\lambda\mu a , \lambda\mu b)$$

$$1(a,b) = (a,b)$$

Damit sind alle Axiome erfüllt.

(2) In diesem Fall ist das letzte Axiom 4) nicht erfüllt.
Es gilt nämlich nicht $1 \cdot (a,b) = (a,b)$.
Nach Definition ist $1 \cdot (a,b) = (1 \cdot a,o) = (a,o) \neq (a,b)$
für $b \neq o$.

Wie Sie sich überzeugen können, sind jedoch alle
übrigen Axiome erfüllt.

(3) Das Assoziativgesetz: *Sei A $=(a_{ij})$, B = (b_{ij}) ,*

$$C = (c_{ij}) \quad i = 1,\ldots,m \cdot$$
$$j = 1,\ldots,n$$

(A+B)+C = A+(B+C) = $(a_{ij} + b_{ij} + c_{ij})$ i = 1,\ldots,m
$$j = 1,\ldots,n$$

Das neutrale Element ist die Nullmatrix vom Typ (m,n).

Das Inverse zu A = (a_{ij}) ist $-A := (-a_{ij})$.

Es gilt A + B = B + A = $(a_{ij} + b_{ij})$.

Ferner gilt für alle reellen Zahlen λ,μ :

$\lambda(A+B)$ = $\lambda A + \lambda B$ = $(\lambda a_{ij} + \lambda b_{ij})$,

$(\lambda+\mu)A$ = $\lambda A + \mu A$ = $(\lambda a_{ij} + \mu a_{ij})$,

$\lambda(\mu A)$ = $(\lambda\mu)A$ = $(\lambda\mu a_{ij})$

und schließlich $1 \cdot A = A$.

Also bilden diese Matrizen tatsächlich einen Vektorraum.

(4) Dieser Nachweis ist genau wie oben zu führen, wobei man
alle Rechnungen mit Funktionen "punktweise" macht.

<u>**Lösungen zu 3.1.3.**</u>

(1) *Es sei (a,b,c) ein beliebiger Vektor aus $\mathbf{R}^3$. Dann gilt:*

$$
\begin{aligned}
(a,b,c) &= (a,o,o) + (o,b,o) + (o,o,c)\\
&= a(1,o,o) + b(o,1,o) + c(o,o,1)\\
&= ae_1 + be_2 + ce_3
\end{aligned}
$$

(2)
$$
\begin{aligned}
2a - 3b + c &= (11,-6,-8,4)\\
\tfrac{1}{2}a + b - 3c &= (1,2,-13,-7)\\
\tfrac{1}{3}(a + b + c) &= (1,\tfrac{2}{3},2,2)
\end{aligned}
$$

(3) *Sei (a,b) ein beliebiger Vektor aus $\mathbf{R}^2$. Gesucht wird eine Linearkombination (a,b) = λ(1,2) + μ(2,-1) .*
Das ist gleichwertig mit dem linearen Gleichungssystem

$$
\begin{aligned}
\lambda + 2\mu &= a\\
2\lambda - \mu &= b
\end{aligned}
$$

Wir lösen dieses System mit Hilfe des Gaußschen Algorithmus:

$$
\begin{pmatrix} \textcircled{1} & 2 & | & a \\ 2 & -1 & | & b \end{pmatrix}
\longrightarrow
\begin{pmatrix} 1 & 2 & | & a \\ o & \textcircled{5} & | & 2a-b \end{pmatrix}
$$

$$
\longrightarrow
\begin{pmatrix} 1 & 2 & | & a \\ o & 1 & | & \dfrac{2a-b}{5} \end{pmatrix}
\longrightarrow
\begin{pmatrix} 1 & o & | & \dfrac{a+2b}{5} \\ o & 1 & | & \dfrac{2a-b}{5} \end{pmatrix}
$$

Das System ist also für alle Werte von a und b lösbar und man erhält

$$
\lambda = \frac{a+2b}{5} \quad , \qquad \mu = \frac{2a-b}{5} \quad .
$$

Damit ist gezeigt, daß die Vektoren (1,2) und (2,-1) ein Erzeugendensystem für $\mathbf{R}^2$ bilden .

(4) Wie im vorigen Beispiel ist folgendes System zu lösen :

$$(a,b) = \lambda(1,1) + \mu(-1,-1) \ , \quad d.h.$$

$$\lambda - \mu = a$$
$$\lambda - \mu = b$$

Dieses System ist aber inkonsistent, wenn $a \neq b$ ist.
(1,o) läßt sich z.B. nicht als Linearkombination dar-
stellen. Also bilden (1,1) und (-1,-1) kein Erzeugen-
densystem für $\mathbb{R}^2$.

(5) Es sei (a,b,c) ein beliebiger Vektor aus $\mathbb{R}^3$, der als
folgende Linearkombination darzustellen ist :

$$(a,b,c) = \lambda(1,o,o) + \mu(1,1,o) + \nu(1,1,1)$$

Man erhält daraus das folgende lineare Gleichungs-
system :

$$\lambda + \mu + \nu = a$$
$$\mu + \nu = b$$
$$\nu = c$$

Durch sukzessives Einsetzen findet man :

$$\lambda = a-b \ , \quad \mu = b-c \ , \quad \nu = c$$

Das System ist also immer lösbar, und die drei Vektoren
bilden ein Erzeugendensystem.

$$(a,b,c) = (a-b)(1,o,o) + (b-c)(1,1,o) + c(1,1,1)$$
$$= (a-b,o,o) + (b-c,b-c,o) + (c,c,c) \ .$$

(6) $\frac{1}{2}(1,2) + \frac{1}{2}(4,1) = (\frac{5}{2},\frac{3}{2})$ $o\cdot(1,2) + 1\cdot(4,1) = (4,1)$

Man erhält die Verbindungsstrecke zwischen beiden Punkten.

(7) Es gilt

$$t_1 \cdot \begin{pmatrix} a_{11} \\ \cdot \\ \cdot \\ \cdot \\ \cdot \\ \cdot \\ a_{m1} \end{pmatrix} + t_2 \cdot \begin{pmatrix} a_{12} \\ \cdot \\ \cdot \\ \cdot \\ \cdot \\ \cdot \\ a_{m2} \end{pmatrix} + \ldots + t_n \cdot \begin{pmatrix} a_{1n} \\ \cdot \\ \cdot \\ \cdot \\ \cdot \\ \cdot \\ a_{mn} \end{pmatrix} =$$

$$\begin{pmatrix} a_{11}t_1 + a_{12}t_2 + \ldots + a_{1n}t_n \\ \cdot \\ \cdot \\ \cdot \\ \cdot \\ a_{m1}t_1 + \ldots\ldots\ldots\ldots\ldots + a_{mn}t_n \end{pmatrix}$$

Hieraus folgt die Behauptung.

(1) _Diese Vektoren sind nicht linear unabhängig, da_

$2 \cdot (1,1) - 1 \cdot (2,2) = (o,o)$ _gilt und die Koeffizienten_

nicht verschwinden.

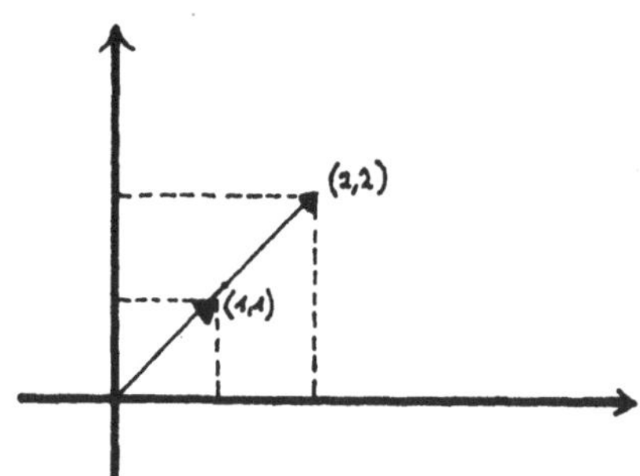

Die Vektoren liegen auf einer Geraden, und das ist
allgemein der Fall:
Seien (a_1,b_1) und (a_2,b_2) linear abhängig, d.h.
$\lambda(a_1,b_1) + \mu(a_2,b_2) = 0.$
Da nicht alle Koeffizienten verschwinden, sei etwa
$\lambda \neq 0.$ _Dann gilt:_

$$(a_1,b_1) = -\tfrac{\mu}{\lambda} (a_2,b_2) \ ,$$

d.h. der eine Vektor ist ein Vielfaches des anderen,
und die Spitzen liegen auf einer Geraden durch den
Ursprung.
Wenn umgekehrt zwei Vektoren auf einer Geraden durch
den Ursprung liegen, dann ist der eine ein Vielfaches
des anderen, etwa $(a_1,b_1) = k \cdot (a_2,b_2)$, und man hat
$1 \cdot (a_1,b_1) - k(a_2,b_2) = 0$, d.h. die Vektoren sind linear_
abhängig. Damit sind zwei linear abhängige Vektoren
geometrisch charakterisiert.

(2) _Ja, denn aus $\lambda(1,5) + \mu(2,-5) = 0$ folgt: $\lambda = \mu = 0$._
Das ist nämlich gleichwertig mit

$$\lambda + 2\mu = 0$$
$$5\lambda - 5\mu = 0$$

und Sie können mit Hilfe des Gaußschen Algorithmus
zeigen, daß dieses System regulär ist.

(3) Zu untersuchen ist, ob die Linearkombination
$x(1,3,4) + y(2,0,4) + z(-1,1,0)$ verschwinden kann,
ohne daß x,y,z alle verschwinden. Das führt zum
folgenden homogenen Gleichungssystem :

$$x + 2y - z = 0$$
$$3x + z = 0$$
$$4x + 4y = 0$$

Sie können die Koeffizientenmatrix $\begin{pmatrix} 1 & 2 & -1 \\ 3 & 0 & 1 \\ 4 & 4 & 0 \end{pmatrix}$

auf die Gestalt $\begin{pmatrix} 1 & 0 & 0 \\ 0 & 1 & 0 \\ 0 & 0 & 1 \end{pmatrix}$ bringen. Das be-

deutet, daß x,y,z alle verschwinden, d.h. die drei
Vektoren sind linear unabhängig.

(4) $x(2,1,0) + y(1,-1,2) + z(0,3,-4) = 0$

$$2x + y = 0$$
$$x - y + 3z = 0$$
$$2y - 4z = 0$$

$$\begin{pmatrix} 2 & 1 & 0 \\ 1 & -1 & 3 \\ 0 & 2 & -4 \end{pmatrix} \longrightarrow \begin{pmatrix} 1 & 0 & 1 \\ 0 & 1 & -2 \\ 0 & 0 & 0 \end{pmatrix} \qquad (Gauß-Algorithmus)$$

Das System hat also nicht-triviale Lösungen:
$x = -z, \quad y = 2z.$
Wählen wir etwa $z = 1$, so folgt $x = -1, \quad y = 2.$

$$-(2,1,0) + 2(1,-1,2) + (0,3,-4) = (0,0,0)$$
$$(2,1,0) = 2(1,-1,2) + (0,3,-4)$$

*Die Vektoren sind linear abhängig, und hier ist der
erste Vektor als Linearkombination der anderen dargestellt.*

*(5) Die Vektoren seien mit a,b,c bezeichnet. Dann gilt
nach Voraussetzung:*

$$\lambda_1 a + \lambda_2 b + \lambda_3 c = 0 \ , \quad \text{wobei nicht alle } \lambda_i \text{ ver-}$$

schwinden. Es sei $\lambda_1 \neq 0$. *Dann folgt*

$$a = - \frac{\lambda_2}{\lambda_1} b - \frac{\lambda_3}{\lambda_1} c \ ,$$

*d.h. a liegt in der Ebene, die durch b und c aufge-
spannt wird.*

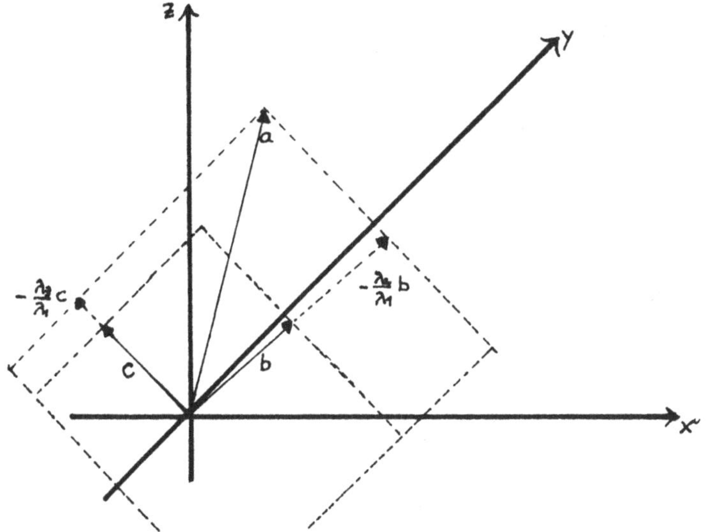

(6) Angenommen, es gäbe zwei Darstellungen von b,

$$b = \sum_{i=1}^{n} t_i a_i \qquad \text{und} \qquad b = \sum_{i=1}^{n} t_i' a_i \ .$$

Dann gilt für die Differenz

$$0 = \sum_{i=1}^{n} (t_i - t_i') b_i \quad , \text{ und hieraus folgt leicht die}$$

Behauptung.

<u>**Lösungen zu 3.2.2.**</u>

(1) *Diese Vektoren sind, wie in der zweiten Aufgabe*
von 3.2.1. gezeigt wurde, linear unabhängig. Zu
zeigen bleibt, daß man keinen anderen Vektor hin-
zunehmen kann. Dazu sei (a,b) ein weiterer Vektor.
Wir zeigen, daß (1,5), (2,-5), (a,b) linear ab-
hängig sind:

x(1,5) + y(2,-5) + z(a,b) = 0 führt zum Gleichungs-
system

$$x + 2y + az = 0$$
$$5x - 5y + bz = 0$$

$$\begin{pmatrix} 1 & 2 & a \\ 5 & -5 & b \end{pmatrix} \longrightarrow \begin{pmatrix} 1 & 0 & \dfrac{5a + 2b}{15} \\ 0 & 1 & \dfrac{5a - b}{15} \end{pmatrix}$$ *(Gaußscher Al-*
gorithmus)

Man kann also z frei wählen und

$$x = -\frac{5a + 2b}{15} \quad , \quad y = -\frac{5a-b}{15} \quad , \quad z = 1$$

ist eine spezielle Lösung.

Damit ist gezeigt, daß (1,5), (2,-5) eine Basis für
$\mathbb{R}^2$ *bilden. Die Dimension von* $\mathbb{R}^2$ *ist 2, da die Basis*
(eine Basis und damit alle Basen) 2 Elemente hat.

(2) *Diese Vektoren bilden zunächst, wie in der dritten*
Aufgabe von 3.1.3. gezeigt wurde, ein Erzeugendensystem
für $\mathbb{R}^2$*. Man kann jedoch keinen dieser Vektoren weglassen.*
(1,2) allein würde nur die Vektoren der Form $(\lambda, 2\lambda)$ *er-*
zeugen, und (2,-1) nur solche der Form $(2\lambda, -\lambda)$*. Dieses*
Erzeugendensystem ist also minimal und bildet damit
eine Basis für $\mathbb{R}^2$*.*

(3) Sei $(a,b) \in \mathbb{R}^2$ ein beliebiger Vektor, der als folgende
Linearkombination darzustellen ist :

$$(a,b) = \lambda(1,3) + \mu(2,4)$$

Hieraus erhält man das Gleichungssystem

$$\lambda + 2\mu = a$$
$$3\lambda + 4\mu = b .$$

$$\begin{pmatrix} 1 & 2 & | & a \\ 3 & 4 & | & b \end{pmatrix} \rightarrow \begin{pmatrix} 1 & 0 & | & b-2a \\ 0 & 1 & | & \dfrac{3a-b}{2} \end{pmatrix}$$

Das Gleichungssystem ist eindeutig lösbar,

$$\lambda = b - 2a \quad , \quad \mu = \frac{3a - b}{2} \quad .$$

Die Vektoren $(1,3)$ und $(2,4)$ bilden also eine Basis
für $\mathbb{R}^2$. Für $a = -5$ und $b = 3$ erhält man $\lambda = 13$,
$\mu = -9$ und somit

$$\begin{pmatrix} -5 \\ 3 \end{pmatrix} = 13 \cdot \begin{pmatrix} 1 \\ 3 \end{pmatrix} - 9 \cdot \begin{pmatrix} 2 \\ 4 \end{pmatrix} \quad .$$

(4) Wir zeigen, daß sich jeder Vektor $(a,b,c) \in \mathbb{R}^3$ eindeutig
als Linearkombination dieser Vektoren darstellen läßt:

$$(a,b,c) = x(1,-1,0) + y(0,1,-1) + z(-1,0,2)$$

Daraus erhält man folgendes Gleichungssystem :

$$x \qquad - z = a$$
$$-x + y \qquad = b$$
$$-y + 2z = c$$

$$\begin{pmatrix} 1 & 0 & -1 & | & a \\ -1 & 1 & 0 & | & b \\ 0 & -1 & 2 & | & c \end{pmatrix} \longrightarrow \begin{pmatrix} 1 & 0 & 0 & | & 2a+b+c \\ 0 & 1 & 0 & | & 2a+2b+c \\ 0 & 0 & 1 & | & a+b+c \end{pmatrix}$$

$x = 2a+b+c$, $y = 2a+2b+c$, $z = a+b+c$.
Also ist die Darstellung möglich und eindeutig, und die
drei Vektoren bilden eine Basis.
Für den Vektor $(a,b,c) = (1,3,-1)$ erhält man die Koeffi-

zienten $x = 4$, $y = 7$, $z = 3$.

(5) Nein, diese Vektoren sind nicht linear unabhängig.
Ihre Summe verschwindet.

(6) Wir setzen für einen beliebigen Vektor $(a,b,c,d) \in \mathbb{R}^4$
an :

$$\begin{pmatrix} a \\ b \\ c \\ d \end{pmatrix} = x \cdot \begin{pmatrix} 1 \\ -1 \\ -2 \\ 0 \end{pmatrix} + y \cdot \begin{pmatrix} -1 \\ 2 \\ 2 \\ -1 \end{pmatrix} + z \cdot \begin{pmatrix} -2 \\ 3 \\ 5 \\ -1 \end{pmatrix} + t \cdot \begin{pmatrix} 0 \\ 1 \\ -1 \\ -2 \end{pmatrix}$$

Das Gleichungssystem, das man daraus erhält, löst man
mit Hilfe des Gaußschen Algorithmus wie folgt :

$$\left(\begin{array}{cccc|c} 1 & -1 & -2 & 0 & a \\ -1 & 2 & 3 & 1 & b \\ -2 & 2 & 5 & -1 & c \\ 0 & -1 & -1 & -2 & d \end{array} \right) \longrightarrow \left(\begin{array}{cccc|c} 1 & 0 & 0 & 0 & 4a+b+c \\ 0 & 1 & 0 & 0 & a+3b+2d-c \\ 0 & 0 & 1 & 0 & a-b+c-d \\ 0 & 0 & 0 & 1 & -a-b-d \end{array} \right)$$

Also ist das System eindeutig lösbar, und die vier
Vektoren bilden eine Basis für $\mathbb{R}^4$.

Für $a=b=c=d=1$ *findet man*

$$\begin{pmatrix} 1 \\ 1 \\ 1 \\ 1 \end{pmatrix} = 6 \begin{pmatrix} 1 \\ -1 \\ -2 \\ 0 \end{pmatrix} + 5 \begin{pmatrix} -1 \\ 2 \\ 2 \\ -1 \end{pmatrix} - 3 \begin{pmatrix} 0 \\ 1 \\ -1 \\ -2 \end{pmatrix}$$

(1)
$$\begin{pmatrix} \boxed{1} & -2 & 3 \\ 2 & -5 & 7 \\ 1 & -3 & 4 \end{pmatrix} \longrightarrow \begin{pmatrix} 1 & -2 & 3 \\ 0 & \boxed{1} & -1 \\ 0 & 1 & -1 \end{pmatrix} \longrightarrow \begin{pmatrix} 1 & -2 & 3 \\ 0 & 1 & -1 \\ 0 & 0 & 0 \end{pmatrix}$$

Der Zeilenrang der Matrix ist also 2 .

(2)
$$\begin{pmatrix} \boxed{1} & 1 & -1 & 1 \\ 3 & 4 & -1 & 1 \\ -2 & 0 & 6 & -6 \end{pmatrix} \rightarrow \begin{pmatrix} 1 & 0 & 0 & 0 \\ 3 & \boxed{1} & 2 & 2 \\ -2 & 2 & 4 & 4 \end{pmatrix} \rightarrow \begin{pmatrix} 1 & 0 & 0 & 0 \\ 3 & 1 & 0 & 0 \\ -2 & 2 & 0 & 0 \end{pmatrix}$$

Der Spaltenrang der Matrix ist 2 .

(3)
$$\begin{pmatrix} \boxed{1} & -1 & 2 \\ 4 & -3 & 8 \\ -2 & 2 & -4 \end{pmatrix} \longrightarrow \begin{pmatrix} 1 & -1 & 2 \\ 0 & 1 & 0 \\ 0 & 0 & 0 \end{pmatrix}$$

Der Zeilenrang ist 2 .

$$\begin{pmatrix} \boxed{1} & -1 & 2 \\ 4 & -3 & 8 \\ -2 & 2 & -4 \end{pmatrix} \longrightarrow \begin{pmatrix} 1 & 0 & 0 \\ 4 & 1 & 0 \\ -2 & 0 & 0 \end{pmatrix}$$

Der Spaltenrang ist auch 2 .

Also stimmen die beiden Ränge überein.

(4)
$$\begin{pmatrix} 2 & 4 & -2 \\ -2 & -3 & 2 \\ 4 & 8 & -5 \end{pmatrix} \longrightarrow \begin{pmatrix} 2 & 4 & -2 \\ 0 & 1 & 0 \\ 0 & 0 & -1 \end{pmatrix} \longrightarrow \begin{pmatrix} 2 & 0 & 0 \\ 0 & 1 & 0 \\ 0 & 0 & -1 \end{pmatrix} \longrightarrow$$

$$\begin{pmatrix} 1 & 0 & 0 \\ 0 & 1 & 0 \\ 0 & 0 & 0 \end{pmatrix}$$ _Der Rang ist also 3 ._

(5)
$$\begin{pmatrix} \boxed{-1} & 2 & 3 & 4 & 0 \\ -1 & 3 & 3 & 3 & 3 \\ 0 & 1 & 0 & -1 & 3 \\ -1 & 3 & 2 & 6 & 1 \end{pmatrix} \rightarrow \begin{pmatrix} -1 & 2 & 3 & 4 & 0 \\ 0 & \boxed{1} & 0 & -1 & 3 \\ 0 & 1 & 0 & -1 & 3 \\ 0 & 1 & -1 & 2 & 1 \end{pmatrix} \rightarrow$$

$$\begin{pmatrix} -1 & 2 & 3 & 4 & 0 \\ 0 & 1 & 0 & -1 & 3 \\ 0 & 0 & 0 & 0 & 0 \\ 0 & 0 & 1 & -3 & 2 \end{pmatrix} \rightarrow \begin{pmatrix} -1 & 2 & 3 & 4 & 0 \\ 0 & 1 & 0 & -1 & 3 \\ 0 & 0 & 1 & -3 & 2 \\ 0 & 0 & 0 & 0 & 0 \end{pmatrix} \rightarrow$$

$$\begin{pmatrix} 1 & 0 & 0 & 0 & 0 \\ 0 & 1 & 0 & 0 & 0 \\ 0 & 0 & 1 & 0 & 0 \\ 0 & 0 & 0 & 0 & 0 \end{pmatrix}$$
Der Rang der Matrix ist 3 .

Lösungen zu 3.3.2.

(1)
$$\left(\begin{array}{ccc|c} \boxed{1} & -3 & -1 & 6 \\ 2 & -5 & 2 & 9 \\ 3 & -6 & 9 & 6 \end{array}\right) \rightarrow \left(\begin{array}{ccc|c} 1 & -3 & -1 & 6 \\ 0 & \boxed{1} & 4 & -3 \\ 0 & 3 & 12 & -12 \end{array}\right) \rightarrow$$

$$\left(\begin{array}{ccc|c} 1 & -3 & -1 & 6 \\ 0 & 1 & 4 & -3 \\ 0 & 0 & 0 & -3 \end{array}\right) \longrightarrow \left(\begin{array}{ccc|c} 1 & 0 & 0 & 0 \\ 0 & 1 & 0 & 0 \\ 0 & 0 & 0 & -3 \end{array}\right)$$

Der Rang der einfachen Matrix ist kleiner als
der Rang der erweiterten Matrix. Also ist das
Gleichungssystem unlösbar.

(2)
$$\left(\begin{array}{ccc|c} \boxed{2} & -4 & 6 & 4 \\ 2 & -3 & 4 & 7 \\ 2 & -2 & 2 & 10 \\ 4 & -7 & 10 & 11 \end{array}\right) \rightarrow \left(\begin{array}{ccc|c} 2 & -4 & 6 & 4 \\ 0 & \boxed{1} & -2 & 3 \\ 0 & 2 & -4 & 6 \\ 0 & 1 & -2 & 3 \end{array}\right) \rightarrow$$

$$\left(\begin{array}{ccc|c} 2 & -4 & 6 & 4 \\ 0 & 1 & -2 & 3 \\ 0 & 0 & 0 & 0 \\ 0 & 0 & 0 & 0 \end{array}\right) \longrightarrow \left(\begin{array}{ccc|c} 1 & 0 & 0 & 0 \\ 0 & 1 & 0 & 0 \\ 0 & 0 & 0 & 0 \\ 0 & 0 & 0 & 0 \end{array}\right)$$

Der Rang der einfachen Matrix ist gleich dem
Rang der erweiterten Matrix. Also ist das Gleichungssystem lösbar.

<u>**Lösungen zu 4.1.1.**</u>

(1) Die zu produzierenden Mengeneinheiten der Erzeug-
    nisse seien mit x und y bezeichnet. Dann gelten
    folgende Restriktionsbedingungen :

1. $x,y \geq 0$
2. $\frac{1}{2}x + y \leq 300$ (für die erste Maschine)

     $x + \frac{1}{2}y \leq 300$ (für die zweite Maschine)

Die Zielfunktion ist $10x + 10y \to Max\ !$

(2) Die Produktmengen seien wieder mit x und y be-
    zeichnet. Man erhält folgendes Restriktionssystem :

1. $x,y \geq 0$
2. $3x + y \leq 30$ (1. Maschine)

     $x + 2y \leq 20$ (2. Maschine)

     $x + y \leq 13$
                    $\Big\}$ (Zusatzbedingungen)
         $x \geq 5$

3. $3x + 5y \to Max\ !$

(3) Die Produktmengen seien wie oben x und y .
    Restriktionssystem :

1. $x,y \geq 0$
2. $2x + 4y \leq 20$ (für die erste Einsatzgröße)

     $2x + 2y \leq 12$ ("   "   zweite "   )

     $4x \leq 16$ ("   "   dritte "   )

3.   Zielfunktion: $2x + 3y \to Max\ !$

(4) *Die benötigten Futtermengen seien mit x und y be-*
zeichnet. Dann müßen folgende Restriktionen gelten:

$$2x + y \geqslant 6$$
$$2x + 4y \geqslant 12$$
$$4y \geqslant 4$$

$$x,y \geqslant 0$$

Unter diesen Bedingungen ist die Kostenfunktion
z = 5x + 6y zu minimieren .

**(5) Die Anzahlen der zu bauenden Kraftwerke T_1, T_2, T_3, T_4
seien mit $x_1, \ldots, x_4$ bezeichnet. Diese müßen folgende
Bedingungen erfüllen:**

$$750x_1 + 2000x_2 + 800x_3 + 2000x_4 \geqq 10000 \quad \text{(jährl.Produktion)}$$
$$2x_1 + 5x_2 + x_3 + 4x_4 \geqq 24 \quad \text{(tägl.Mindestpro-}$$
$$\text{duktion)}$$
$$3x_1 + 7x_2 + 3x_3 + 7x_4 \geqq 30 \quad \text{(tägliche Spitzen-}$$
$$\text{produktion)}$$
$$100x_1 + 200x_2 + 50x_3 + 250x_4 \leqq 1000 \quad \text{(Baukosten)}$$

Zielfunktion: $\quad z = 30x_1 + 60x_2 + 30x_3 + 70x_4 \rightarrow \text{Min !}$
$$\text{(jährliche Kosten)}$$

**Bei dieser Aufgabe ist zu beachten, daß $x_1, \ldots, x_4$ nicht
nur nicht-negative, sondern ganze Zahlen sind (ganzzahlige Optimierung !).**

<u>*Lösungen zu 4.1.2.*</u>

(1) 1. $x \geq 0$

2. $-5x_1 + 7x_2 - 14x_3 \leq 12$
    $x_1 + x_2 + x_3 \leq -7$
    $-4x_1 + x_2 + x_3 \leq 0$

3. $x_1 + x_2 + 3x_3 \to$ Max !

(2) Optimale Lösung des Minimierungsproblems: $\begin{pmatrix} 1 \\ 2 \end{pmatrix}$

Optimum des Minimierungsproblems: -24

(3) Die ersten vier Lösungen sind zulässig. Die restlichen sind unzulässig.
Die Zielwerte sind : 1500, 3000, 4000, -2000, 5000.

(4) Die vom Ausgangsort i zum Bestimmungsort j zu trans-
portierende Menge sei mit x_{ij} bezeichnet.
Dann hat man für die Ausgangsorte die Restriktionen:

$$\sum_{j=1}^{n} x_{ij} \leq a_i \qquad i = 1,2,\ldots,m$$

und für die Bestimmungsorte

$$\sum_{i=1}^{m} x_{ij} \geq b_j \qquad j = 1,2,\ldots,n$$

sowie $x_{ij} \geq 0$.

Zielfunktion = Gesamttransportkosten = $\sum c_{ij} x_{ij} \to$ Min !
$$\begin{array}{l} i=1,\ldots,m \\ j=1,\ldots,n \end{array}$$

Es treten hierbei Ungleichungen verschiedener Art auf.

<u>*Lösungen*</u>[*)] *zu 4.2.1.*

(1) Das Restriktionssystem war

$$\frac{1}{2}x + y \leqq 300 \qquad \text{I.}$$
$$x + \frac{1}{2}y \leqq 300 \qquad \text{II.}$$
$$x, y \geqq 0$$

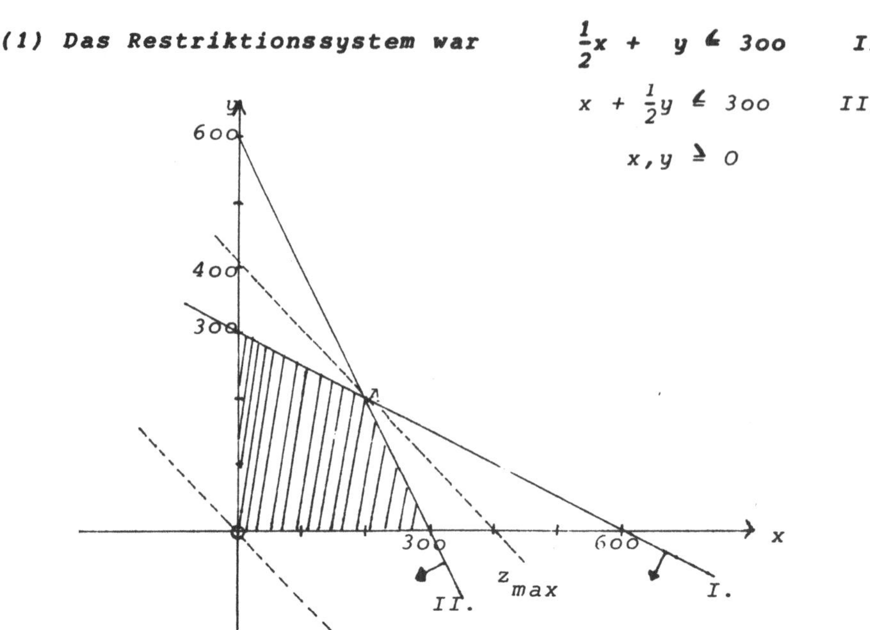

Der Bereich der zulässigen Lösungen ist schraffiert.
Bestimmung der optimalen Lösung:
Als Schnittpunkt der Geraden $\frac{1}{2}x + y = 300$ *und*
$x + \frac{1}{2}y = 300$ *finden Sie den Punkt A = (200,200). Die*
Zielfunktion $z = 10x + 10y$ *tangiert den zulässigen*
Bereich an diesem Punkt. Somit ist A die einzige op-
timale Lösung der Aufgabe: $x = y = 200$.
Es ist $z_{max} = 4000$ *das Optimum.*

[*) In diesem Abschnitt werden nicht nur die zulässigen
Lösungen der betrachteten LP-Probleme, sondern auch
gleich deren optimale Lösungen angegeben. Dies geschieht
ausschließlich aus Gründen der Platzersparnis. Die ent-
sprechenden Aufgaben finden sich in 4.2.2. .

(2)

$$\text{I.} \qquad 3x + y \leq 30$$
$$\text{II.} \qquad x + 2y \leq 20$$
$$\text{III.} \qquad x + y \leq 13$$
$$\text{IV.} \qquad x \geq 5$$
$$x,y \geq 0$$
$$z = 3x + 5y \to Max!$$

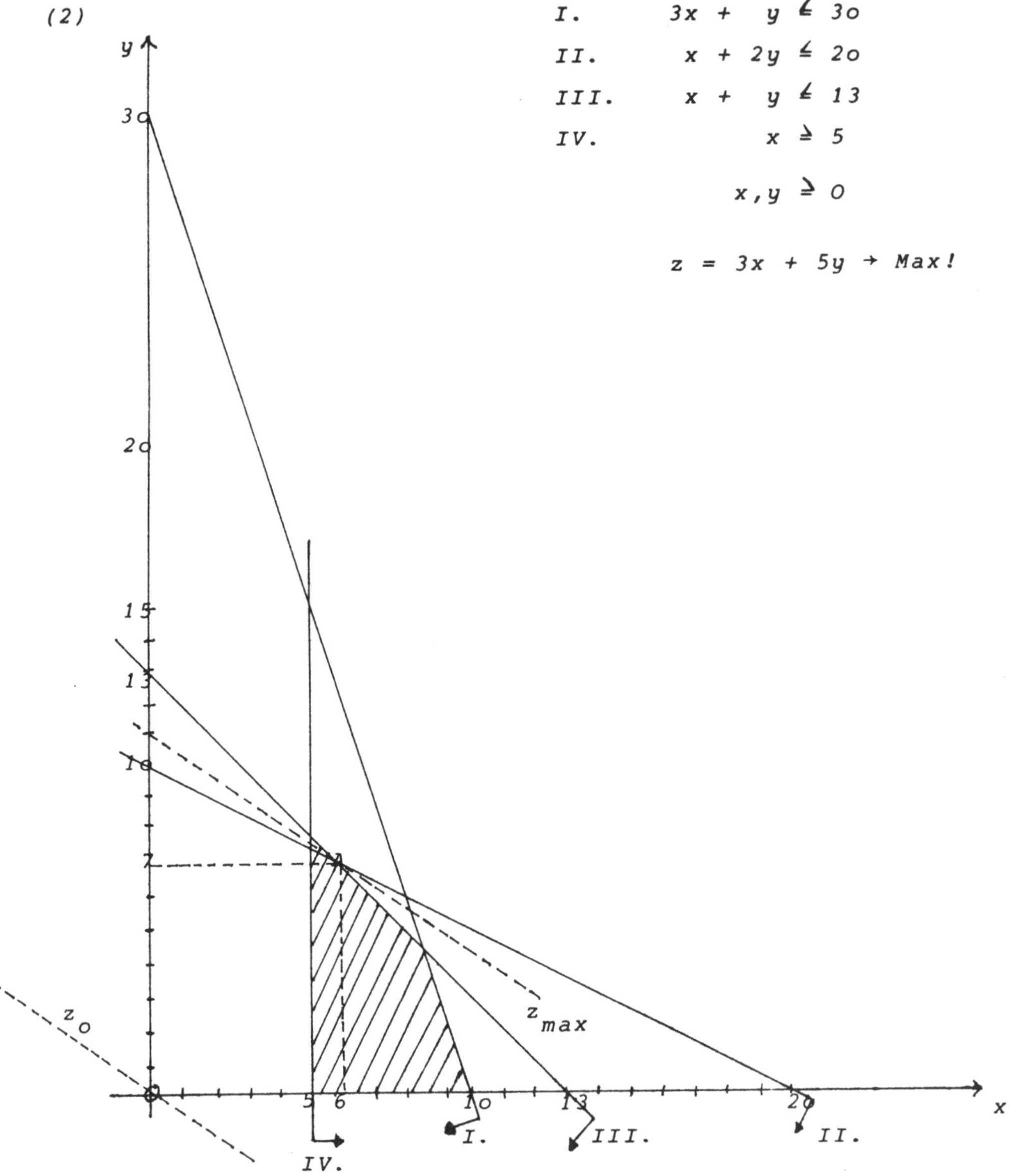

Der zulässige Lösungsbereich ist schraffiert.
Die Parallelverschiebung der Geraden $z_0 = 3x + 5y = 0$
geht durch die Ecke A $=(6,7)$. Die eindeutig bestimmte
optimale Lösung ist also x=6, y=7, und das Optimum ist
53.

(3) Restriktionssystem: I. $2x + 4y \leq 20$

                       II. $2x + 2y \leq 12$

                       III. $4x \qquad \leq 16$

                             $x, y \geq 0$

                            $z = 2x + 3y \to \text{Max !}$

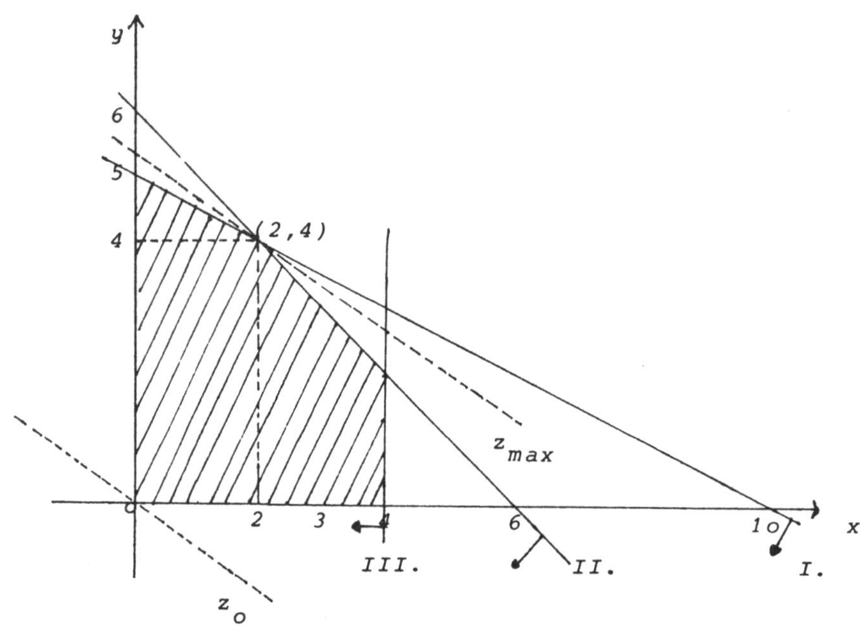

*Der zulässige Lösungsbereich ist schraffiert. Die
Parallelverschiebung der Geraden* $z_o = 2x + 3y = 0$
*geht durch den Schnittpunkt der Geraden I (2x+4y=2o)
und II (2x+2y=12). Dieser Punkt hat die Koordinaten
(2,4). Damit ist die eindeutig bestimmte optimale
Lösung gefunden : x = 2, y = 4 ..Das Maximum ist 16.*

(4)   I. $2x + y \geq 6$

       II. $2x + 4y \geq 12$

       III. $4y \geq 4$

               $x,y \geq 0$

       $z = 5x + 6y \rightarrow Min\ !$

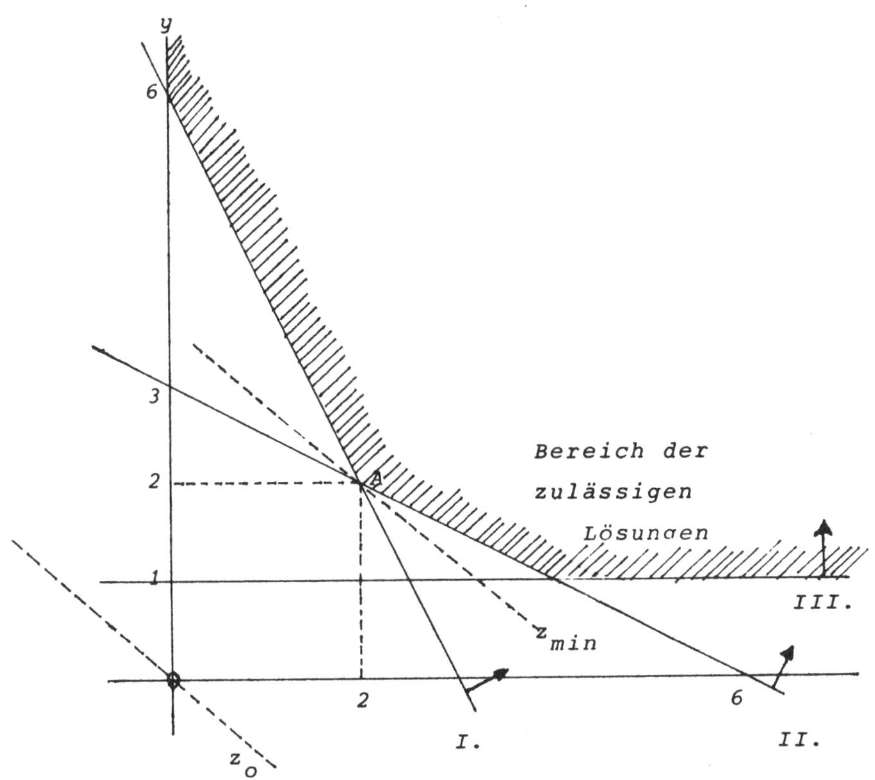

Die Parallelverschiebung der Geraden z_0 geht durch den Eckpunkt A(2,2) des schraffierten zulässigen Lösungsbereiches. x = y = 2 ist also die Optimallösung des Problems. Das Minimum ist 22.

(5)   I. $x + 2y \leqslant 2$

      II. $-2x + 3y \geqslant 6$

        $x,y \geqslant 0$

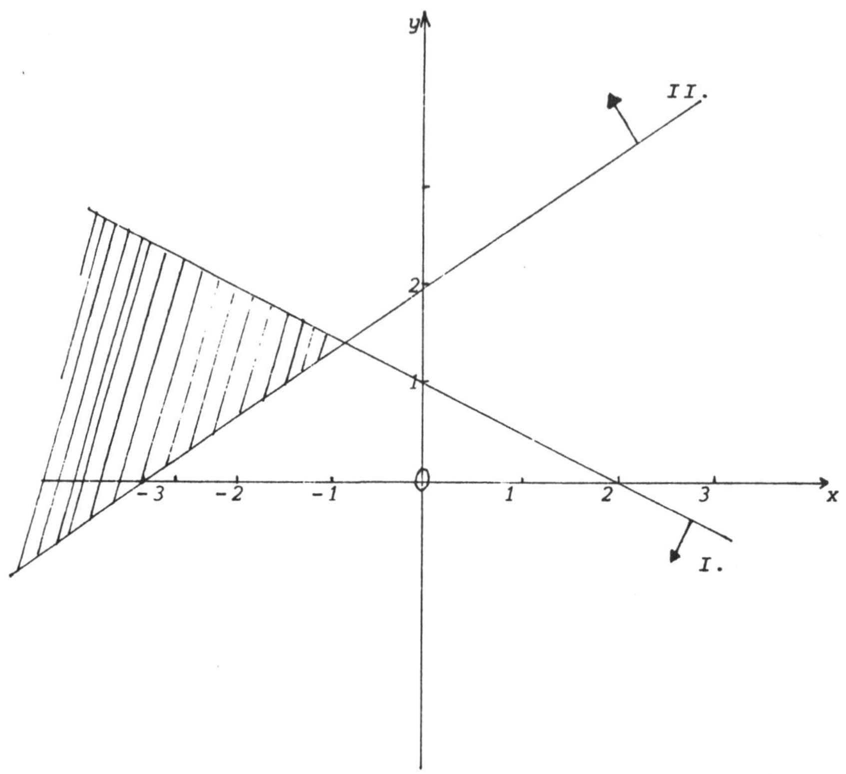

Sie sehen, daß im ersten Quadrant keine zulässigen
Lösungen existieren. Wenn Sie jedoch die Bedingung
$x,y \geqslant 0$ fallen lassen, wird der schraffierte Bereich
zulässig.

(6)   I. $x - 2y \leqq 2$

    II. $-2x + y \leqq 2$

    III. $x \geqq 1$

    IV. $y \geqq 1$

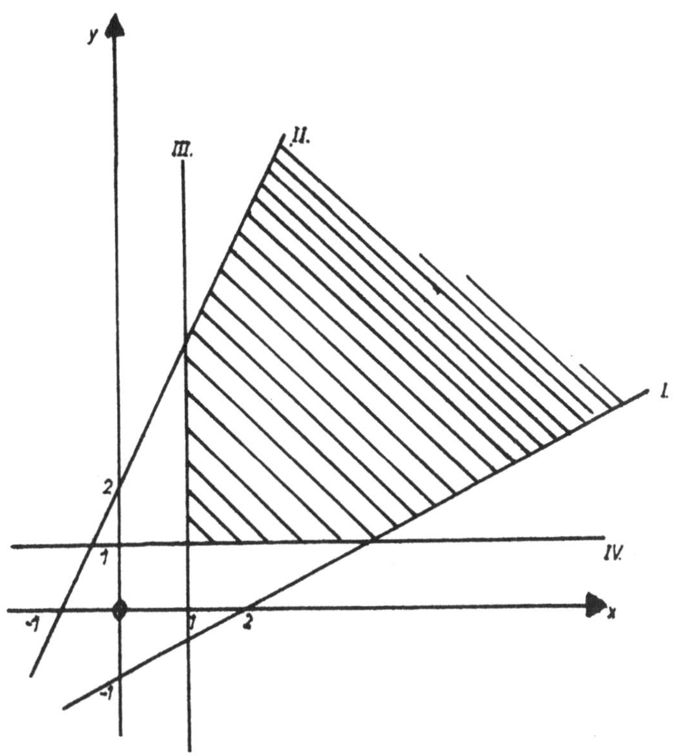

*Der Lösungsbereich ist also in diesem Fall unbe-
schränkt.*

<u>**Lösungen zu 4.2.2.**</u>

*Die Lösungen für (1) - (4) finden Sie in den Lösungen
zu 4.2.1.*

(5)

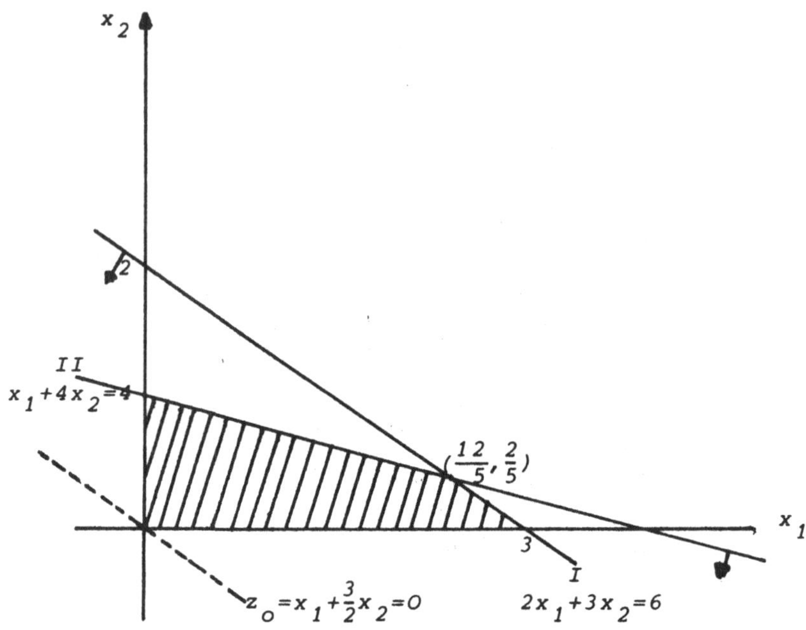

*Der zulässige Lösungsbereich ist schraffiert. Der
Schnittpunkt der Geraden hat die Koordinaten $(\frac{12}{5}, \frac{2}{5})$.
Die Geraden z_0 und I sind parallel, da sie dieselbe
Steigung haben $(-\frac{2}{3})$. Also sind alle Punkte auf der
Strecke zwischen $(\frac{12}{5}, \frac{2}{5})$ und (3,o) optimal. Das Op-
timum 3 dagegen ist natürlich eindeutig.*

(6) I. $x_1 + 5x_2 \geqq 4$
     II. $6x_1 + 2x_2 \geqq 8$
     III. $x_1 + x_2 \leqq 4$
     IV. $x_1 \leqq 3$
     V. $x_2 \leqq 2$

$x_1, x_2 \geqq 0$ $\qquad$ $z = 2x_1 + 3x_2 \rightarrow$ Max !

(bzw. Min !)

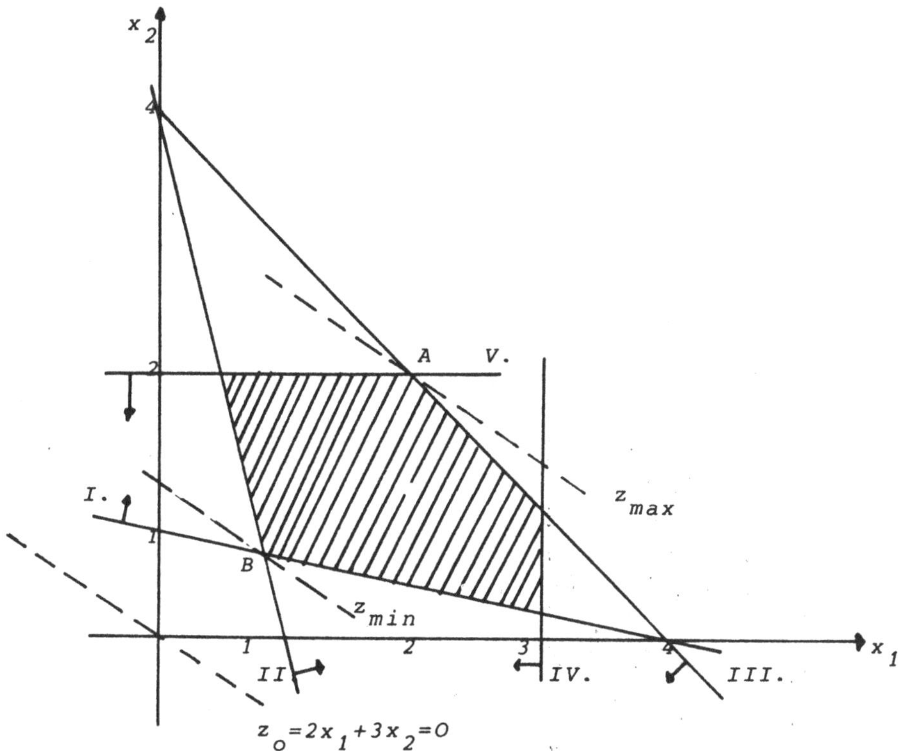

Im Falle der Maximierung geht die Parallelverschiebung
der Geraden z_0 durch den Eckpunkt A, der die Koordinaten
(2,2) hat (wie Sie als Schnittpunkt der Geraden III. und
V. berechnen können). Also ist $x_1 = x_2 = 2$ eine Optimallösung für $z \rightarrow$ Max !
Im Minimierungsfall ist der Eckpunkt B $(\frac{8}{7}, \frac{4}{7})$ eine Optimallösung. Das Maximum ist 1o und das Minimum ist 4.

215

(1) Nein. Die Aufgabe hat diesmal eine volle Strecke zur optimalen Lösungsmenge.

Unter den alten Restriktionen

$$\text{I.} \qquad 2x + 4y \leqq 2o$$
$$\text{II.} \qquad 2x + 2y \leqq 12$$
$$\text{III.} \qquad 4x \leqq 16$$
$$x,y \geqq 0$$

ist die neue Zielfunktion $z = 3x + 3y$ zu maximieren.

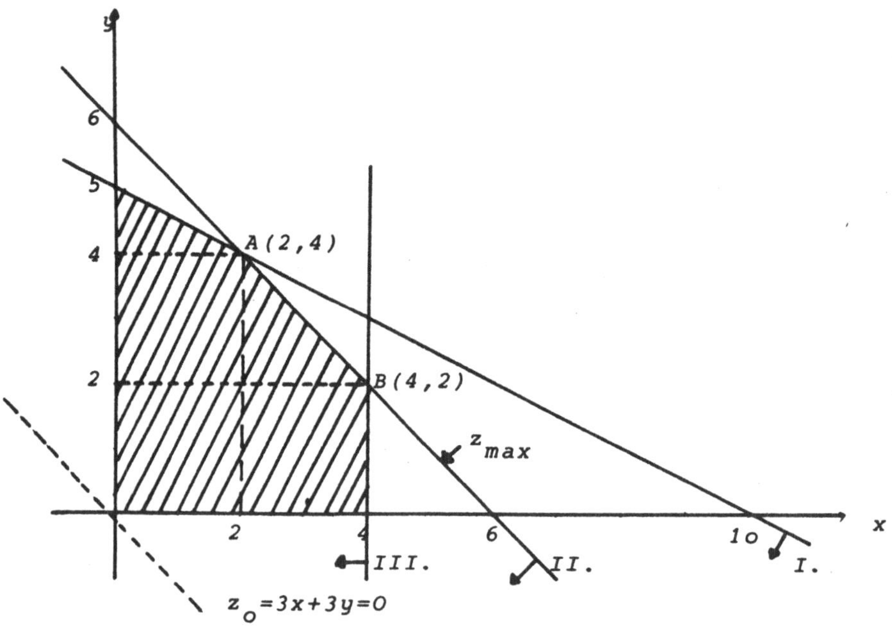

Die Gerade II, die zu z_o parallel ist, ist zugleich z_{max}, und alle Punkte der Strecke AB sind optimale Lösungen.

$$(2) \quad \text{I.} \quad x + 2y \leqq 2$$
$$\text{II.} \quad -x + y \geqq 1$$
$$x, y \geqq 0$$

$$z = x + y \to \text{Max !}$$

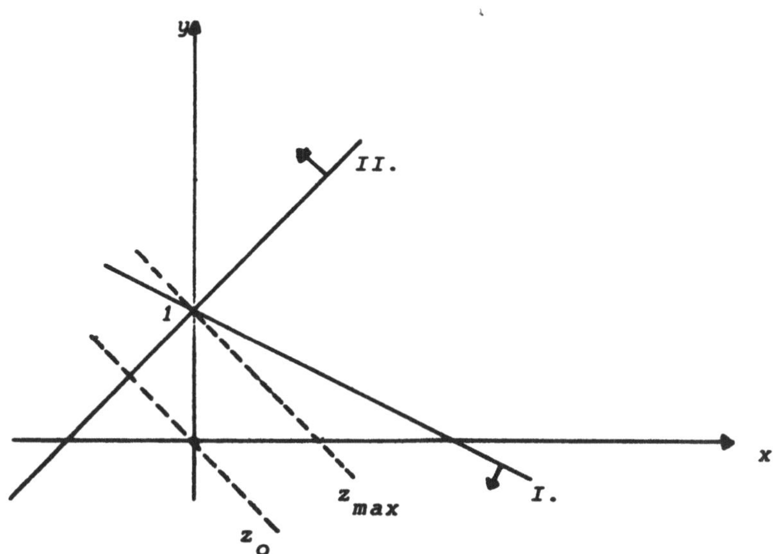

*Die zulässige Lösungsmenge besteht aus dem Punkt
(0,1). Diese Lösung ist offenbar optimal.*

(3) I. $x + y \geq 2$

II. $-2x + 3y \leq 6$

III. $2x - y \leq 2$

IⅤ. $x + 2y \leq 2$

$x,y \geq 0$

$z = 4x + y \rightarrow Min!$

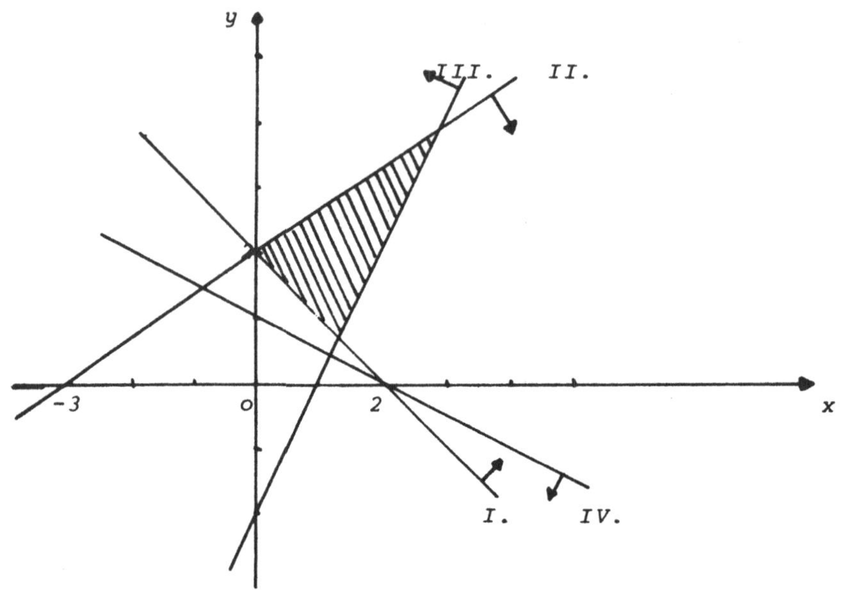

Das Problem ist nicht lösbar, denn der zulässige
Lösungsbereich ist leer: Die ersten drei Bedingungen bestimmen das gestrichelte Dreieck, und dieses
bleibt außerhalb der Bedingung IV.

(4) Unser Beispiel :

$$\text{I.} \quad x - \frac{y}{2} \leq 1$$

$$\text{II.} \quad -x + \frac{y}{2} \leq 1$$

$$\text{III.} \quad \frac{x}{3} + \frac{y}{5} \geq 1$$

$$\text{IV.} \quad \frac{x}{6} + \frac{y}{10} \leq 1$$

$$x, y \geq 0$$

$$z = x + y \quad \rightarrow \quad Max! \ (oder \ Min \ !)$$

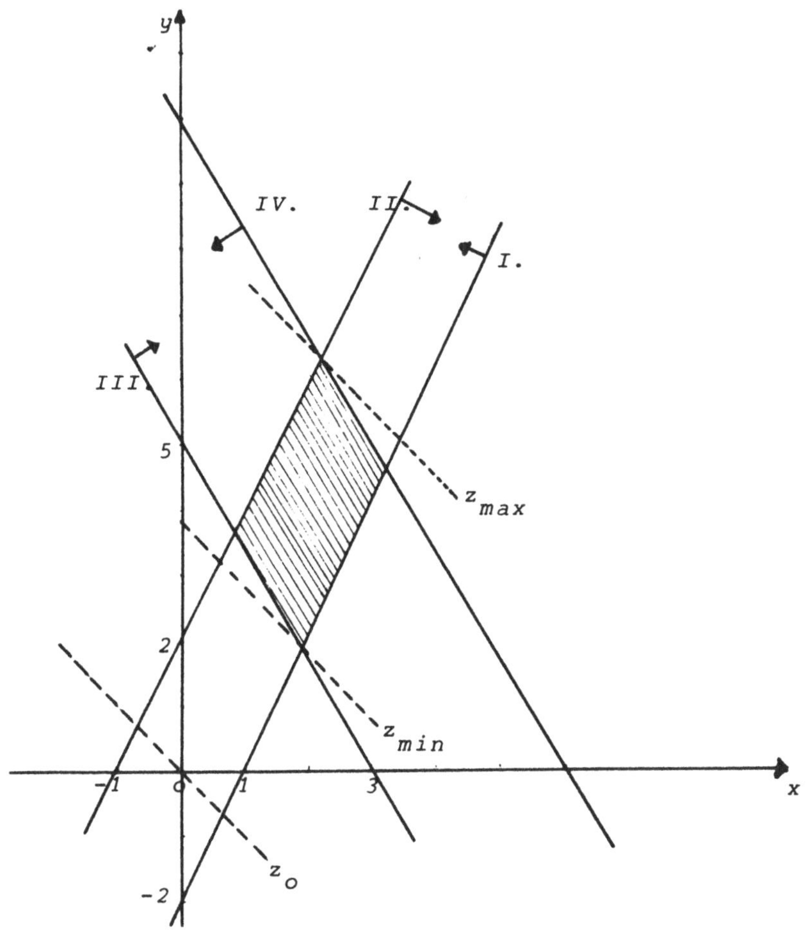

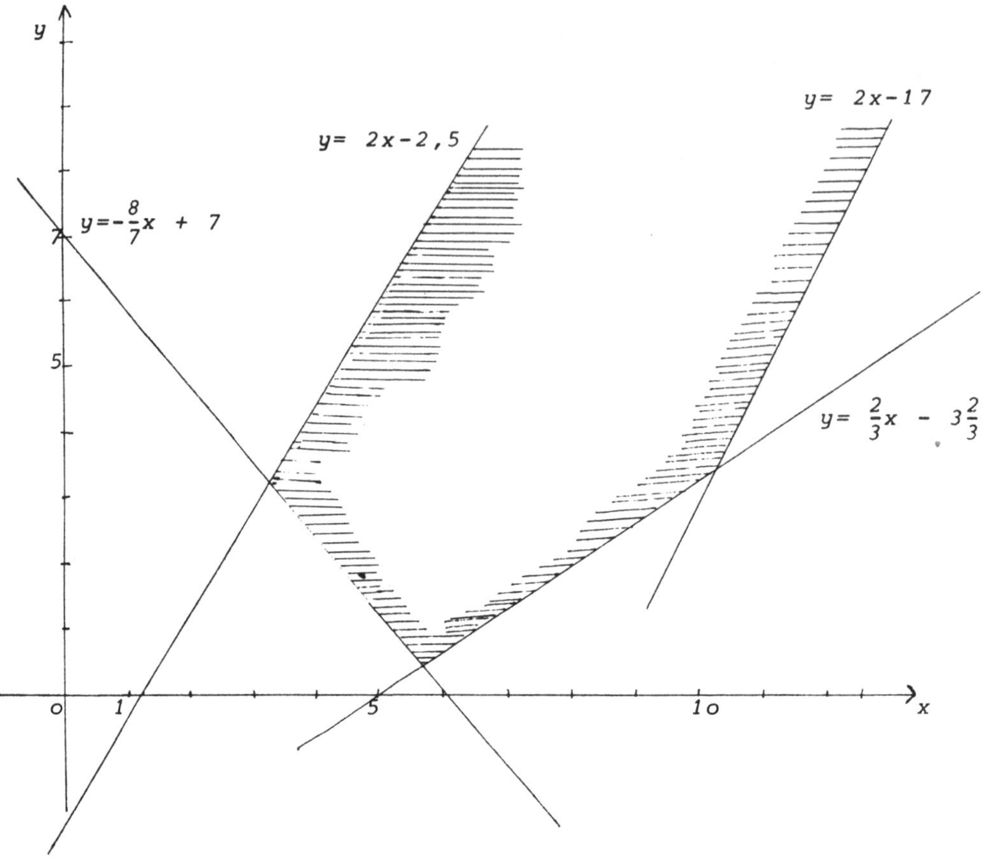

a) $-y - 2x$

b) $y + 2x$

c) $-7y - 8x$

<u>Lösungen zu 4.3.1.</u>

(1) Dieses System kann man als Gewinnmaximierungspro-
    blem eines Betriebs interpretieren, der aus drei
    Rohstoffen drei Produkte herstellt und dabei nach
    folgendem Schema verfährt :

| | Produkte | | | |
Rohstoffe	P_1	P_2	P_3	Rohstoffkapazitäten
R_1	1	2	3	75
R_2	2	3	1	75
R_3	2	1	2	60
Gewinne	4	6	5	

(2) 1) $x_i \geq 0$ $i=1,2,3,4$

     2) $2x_1 - x_3 + x_4 \leq 12$
         $x_1 + x_2 + x_3 - 2x_4 \leq 20$
         $-3x_1 + 2x_2 + 2x_3 + x_4 \leq 0$

     3) $z' = -x_1 + 2x_2 - 2x_3 + x_4 \rightarrow$ Max !

(3) Die ersten drei Probleme sind Standard-Maximum-
    Probleme, die anderen dagegen nicht.

(4) Die Anzahlen der einzelnen Zuschnittpläne seien
    $x_1, x_2, \ldots, x_8$.
    Es gelten folgende Restriktionen :

$2x_1 + 2x_2 + x_3 + x_4 \geq 540$
$x_1 + 2x_3 + x_4 + 4x_5 + 3x_6 + 2x_7 + x_8 \geq 244$
$x_1 + 6x_2 + 3x_3 + 8x_4 + 5x_6 + 10x_7 + 14x_8 \geq 400$

$x_i \geq 0$, möglichst ganzzahlig !

Zielfunktion = Blechverbrauch = $x_1 + x_2 + x_3 + x_4 + x_5 + x_6 + x_7 + x_8 \rightarrow$ Min!

Das Problem ist kein Standard-Maximum-Problem .

<u>Lösungen zu 4.3.2.</u>

(1)
$$x_o - 4x_1 - 2x_2 \qquad\qquad = 0$$
$$x_1 - x_2 + x_3 \qquad = 2$$
$$2x_1 + x_2 \qquad + x_4 = 6$$

(2) a) Das Gleichungssystem ist kanonisch, aber nicht zulässig.

b) Das Gleichungssystem ist ein Lösungssystem.

c) Das Gleichungssystem ist zulässig aber kein Lösungssystem.

<u>Lösungen zu 4.3.3.</u>

(1)
$$x_o - 4x_1 - 2x_2 \qquad\qquad = 0$$
$$\boxed{x_1} - x_2 + x_3 \qquad = 2$$
$$2x_1 + x_2 \qquad + x_4 = 6$$

Der kleinste negative Koeffizient der nullten Zeile ist -4 . Unter $\frac{2}{1}$ und $\frac{6}{2}$ ist $\frac{2}{1}$ die kleinere Zahl. Also wird an der eingekreisten Stelle pivotisiert und man erhält

$$x_o \qquad - 6x_2 + 4x_3 \qquad = 8$$
$$x_1 - x_2 + x_3 \qquad = 2$$
$$\boxed{3x_2} - 2x_3 + x_4 = 2$$

Nun ist -6 der einzige negative Koeffizient der nullten Zeile, und darunter gibt es nur einen positiven Koeffizienten. Also muß man wieder an der eingekreisten Stelle pivotisieren :

$$x_o \qquad\qquad + 2x_4 = 12$$
$$x_1 \qquad + \tfrac{1}{3}x_3 + \tfrac{1}{3}x_4 = \tfrac{8}{3}$$
$$x_2 - \tfrac{2}{3}x_3 + \tfrac{1}{3}x_4 = \tfrac{2}{3}$$

*Nun können Sie die optimale Lösung und das Optimum ab-
lesen :*

$$x_1 = \frac{8}{3}$$

$$x_2 = \frac{2}{3}$$

$$x_0 = 12$$

$$(x_3 = x_4 = 0)$$

(2)
$$x_0 - x_1 - x_2 \qquad\qquad = 0$$
$$-x_1 + x_2 + x_3 \qquad = 1$$
$$\boxed{x_1} - x_2 \qquad + x_4 = 1$$

An der eingekreisten Stelle ist zu pivotisieren:

$$x_0 \qquad - 2x_2 \qquad + x_4 = 1$$
$$x_3 + x_4 = 2$$
$$x_1 - x_2 \qquad + x_4 = 1$$

*Der einzige negative Koeffizient der nullten Zeile
ist -2 und darunter steht kein positiver Koeffizient. Also gibt es zulässige Lösungen, so daß x_0
beliebig groß wird.*

(1) Wir führen zunächst die Schlupfvariablen x_3 und x_4 ein :

$$
\begin{array}{rrrrrl}
x_0 - 5x_1 - 3x_2 & & & = 0 \\
x_1 + x_2 + x_3 & & = 2 \\
3x_1 + x_2 & + x_4 & = 3
\end{array}
$$

Man erhält dann ein zulässiges Gleichungssystem mit den Basisvariablen x_0, x_3 und x_4 .

	x_1	x_2	x_3	x_4	
x_0	-5	-3	0	0	0
	1	1	1	0	2
	③	1	0	1	3
	-5	-3	0	0	0
	1	1	1	0	2
	1	$\frac{1}{3}$	0	$\frac{1}{3}$	1
	0	$-\frac{4}{3}$	0	$\frac{5}{3}$	5
	0	$\boxed{\frac{2}{3}}$	1	$-\frac{1}{3}$	1
	1	$\frac{1}{3}$	0	$\frac{1}{3}$	1
	0	$-\frac{4}{3}$	0	$\frac{5}{3}$	5
	0	1	$\frac{3}{2}$	$-\frac{1}{2}$	$\frac{3}{2}$
	1	$\frac{1}{3}$	0	$\frac{1}{3}$	1
x_0	0	0	2	1	7
	0	1	$\frac{3}{2}$	-2	$\frac{3}{2}$
	1	0	$-\frac{1}{2}$	$\frac{1}{2}$	$\frac{1}{2}$

$\frac{3}{3} < \frac{2}{1}$

$1 : \frac{2}{3} < 1 : \frac{1}{3}$

$$x_1 = \frac{1}{2}, \qquad x_2 = \frac{3}{2}, \qquad x_0 = 7$$

(2) Wir verwandeln die Aufgabe zunächst in ein Maximierungsproblem :

$$x_o{}' = -3x_1 - x_2 + 2x_3 - 5x_4 \rightarrow \text{Max !}$$

$$x_1 \qquad + 2x_3 + x_4 = 1o$$
$$x_2 + x_3 + 3x_4 = 3$$

	x_1	x_2	x_3	x_4	
x_o	3	1	-2	5	o
	1	o	2	1	1o
	o	1	1	3	3
	o	1	-8	2	-3o
	1	o	2	1	1o
	o	1	1	3	3
	o	o	-9	-1	-33
	1	o	2	1	1o
	o	1	①	3	3
	o	9	o	26	-6
	1	-2	o	-5	4
	o	1	1	3	3

Wir formen das System in ein zulässiges um.

Nun kann der Algorithmus beginnen.

$$\frac{3}{1} < \frac{1o}{2}$$

optimale Lösung: $x_1 = 4$, $x_2 = 0$, $x_3 = 3$, $x_4 = 0$

Maximum : $x_o{}' = -6$

Minimum : $x_o = 6$

(3) *Der vorliegende Rechenvorgang stellt eine technische Vereinfachung des hier besprochenen Simplexalgorithmus dar. Er hat den Vorteil, mit weniger Platz auszukommen, durch komplizierte Umformungsregeln erkauft.*

(4)

Basis	Nicht-Basis x_1	x_2	x_3	
x_4	2	1	3	1oo
x_5	④	2	1	12o
x_o	-8	-4	-6	

$$\frac{120}{4} < \frac{100}{2}$$

	x_5	x_2	x_3	
x_4	$-\frac{1}{2}$	0	$\left(\frac{5}{2}\right)$	4o
x_1	$\frac{1}{4}$	$\frac{1}{2}$	$\frac{1}{4}$	3o
x_o	2	0	-4	24o

$$4o:\frac{5}{2} < 3o:\frac{1}{4}$$

	x_5	x_2	x_4	
x_3	$-\frac{1}{5}$	0	$\frac{2}{5}$	16
x_1	$\frac{1}{5}$	$\frac{1}{2}$	$-\frac{1}{1o}$	26
x_o	$\frac{6}{5}$	0	$\frac{8}{5}$	3o4

optimale Lösung: $x_1 = 26$, $x_2 = 0$, $x_3 = 16$, $x_4 = x_5 = 0$

Optimum   : 3o4

<u>**Lösungen zu 4.3.5.**</u>

(1) Führen Sie zunächst die Schlupfvariable x_3 und x_4
ein :

1. $x_i \geqq 0 \qquad i=1,2,3,4$

2. $\begin{aligned} x_1 - x_2 + x_3 \qquad\quad &= 1 \\ -2x_1 + x_2 \qquad\; + x_4 &= 2 \end{aligned}$

3. $x_0 = x_1 + 4x_2 \rightarrow$ *Max !*

Dieses System ist zulässig mit den Basisvariablen
$x_0,\; x_3$ *und* x_4 .

Simplextableau :

	x_1	x_2	x_3	x_4	
x_0	-1	-4	o	o	o
	1	-1	1	o	1
	-2	(1)	o	1	2
	-9	o	o	4	8
	-1	o	1	1	3
	-2	1	o	1	2

Sie sehen, daß Lösungen existieren,
so daß x_0 *beliebig groß wird.*

(2) *Zunächst ist klar, daß diese Linearkombination der Vorzeichenrestriktion 1. genügt. Es gilt :*

$$A \cdot x_i \leqq b \;\longrightarrow\; t_i \cdot A \cdot x_i \leqq t_i \cdot b \;\longrightarrow$$

$$\longrightarrow\; A \cdot (t_i x_i) \leqq t_i \cdot b \qquad i = 1,\ldots,m$$

$$\longrightarrow\; A \cdot (t_1 x_1 + \ldots + t_m x_m) \leqq b$$

Also ist auch die apazitätsrestriktion 2. erfüllt. Ferner ist

$$g \cdot (t_1 x_1 + \ldots + t_m x_m) \;=\; t_1 \cdot g \cdot x_1 + \ldots + t_m \cdot g \cdot x_m \;.$$

Da $g \cdot x_1 = g \cdot x_2 = \ldots = g \cdot x_m = Optimum$, *folgt für die obige Summe*

$$g \cdot (t_1 x_1 + \ldots + t_m x_m) = (t_1 + \ldots + t_m) \cdot Optimum = Optimum.$$

<u>**Lösungen zu 4.3.6.**</u>

(1) Zunächst werden die Schlupfvariablen x_3 und x_4 eingeführt:

$$-x_1 + 3x_2 - x_3 \qquad = 3$$
$$x_1 + x_2 \qquad\quad + x_4 = 2$$

Nun wird eine künstliche Variable x_5 definiert und
zur 1. Phase übergegangen :

1. $x_i \geq 0 \qquad i = 1,\dots,5$

2. $\quad -x_1 + 3x_2 - x_3 \qquad\quad + x_5 = 3$
$\qquad x_1 + x_2 \qquad + x_4 \qquad\quad = 2$

3. $\quad z = -x_5 \;\to\; Max \;!\qquad$ (die künstliche Zielfunktion)

	x_1	x_2	x_3	x_4	x_5	
z	0	0	0	0	1	0
	-1	3	-1	0	1	3
	1	1	0	1	0	2
	1	-3	1	0	0	-3
	-1	③	-1	0	1	3
	1	1	0	1	0	2
z	0	0	0	0	1	0
	$-\frac{1}{3}$	1	$-\frac{1}{3}$	0	$\frac{1}{3}$	1
	$\frac{4}{3}$	0	$\frac{1}{3}$	1	$-\frac{1}{3}$	1

Damit ein zulässiges Gleichungssystem entsteht, räumen wir die Spalte von x_5 aus.

Das ist ein Lösungssystem für z mit Optimalwert 0. Also
können wir unter Weglassen der künstlichen Variablen x_5
und mit der ursprünglichen Zielfunktion x_0 zur 2. Phase
übergehen.

	x_1	x_2	x_3	x_4	
x_0	-6	-1	0	0	0
	$-\frac{1}{3}$	1	$-\frac{1}{3}$	0	1
	$\frac{4}{3}$	0	$\frac{1}{3}$	1	1
	$-\frac{19}{3}$	0	$-\frac{1}{3}$	0	1
	$-\frac{1}{3}$	1	$-\frac{1}{3}$	0	1
	$\frac{4}{3}$	0	$\frac{1}{3}$	1	1
	0	0	$\frac{15}{12}$	$\frac{19}{4}$	$\frac{23}{4}$
	0	1	$-\frac{1}{4}$	$\frac{1}{4}$	$\frac{5}{4}$
	1	0	$\frac{1}{4}$	$\frac{3}{4}$	$\frac{3}{4}$

in zulässige Form bringen
(zweite Spalte ausräumen)

Lösung: $\quad x_1 = \frac{3}{4}, \quad x_2 = \frac{5}{4}, \quad (x_3 = x_4 = 0), \quad x_0 = \frac{23}{4}$.

(2) Führen Sie zunächst die Schlupfvariablen x_4 und x_5 ein :

1. $x_i \geqq 0 \quad i = 1,\dots,5$

2. $2x_1 + 2x_2 - x_3 - x_4 \qquad\qquad = 2$
   $3x_1 - 4x_2 \qquad\qquad - x_5 = 3$

3. $x_0 = 5x_1 + 2x_2 + 3x_3 \to \text{Min } !$ $\quad (x_0{}' = -5x_1 - 2x_2 - 3x_3 \to \text{Max } !)$

*Nun können Sie die künstlichen Variablen y_1 und y_2 ein-
führen und in der 1. Phase die neue Zielfunktion*
$z = -y_1 - y_2 \quad$ *maximieren .*

1. $x_i, y_i \geqq 0$

2. $2x_1 + 2x_2 - x_3 - x_4 \qquad\qquad + y_1 = 2$
   $3x_1 - 4x_2 \qquad\qquad - x_5 + y_2 = 3$

3. $z = -y_1 - y_2 \to \text{Max } !$

Die Koeffizienten vor y_1 und y_2 müssen verschwinden,
damit ein zulässiges Gleichungssystem entsteht.

	x_1	x_2	x_3	x_4	x_5	y_1	y_2	
z	0	0	0	0	0	1	1	0
	2	2	-1	-1	0	1	0	2
	3	-4	0	0	-1	0	1	3
	-5	2	1	1	1	0	0	-5
	②	2	-1	-1	0	1	0	2
	3	-4	0	0	-1	0	1	3
	0	7	$-\frac{3}{2}$	$-\frac{3}{2}$	1	$\frac{5}{2}$	0	0
	1	1	$-\frac{1}{2}$	$-\frac{1}{2}$	0	$\frac{1}{2}$	0	1
	0	-7	$\frac{3}{2}$	$\frac{3}{2}$	-1	$-\frac{3}{2}$	1	0
z	0	0	0	0	0	1	1	0
	1	$-\frac{4}{3}$	0	0	$-\frac{1}{3}$	0	$\frac{1}{3}$	1
	0	$-\frac{14}{3}$	1	1	$-\frac{2}{3}$	-1	$\frac{2}{3}$	0

Damit ist ein Lösungssystem für z mit Optimalwert 0
gefunden. Nun können Sie die künstlichen Variablen y_1
und y_2 weglassen und mit Übernahme des restlichen
Tableaus und der alten Zielfunktion zur 2. Phase
übergehen :

	x_1	x_2	x_3	x_4	x_5	
$x_0{'}$	5	2	3	0	0	0
	1	$-\frac{4}{3}$	0	0	$-\frac{1}{3}$	1
	0	$-\frac{14}{3}$	1	1	$-\frac{2}{3}$	0
	0	$\frac{26}{3}$	3	0	$\frac{5}{3}$	-5
	1	$-\frac{4}{3}$	0	0	$-\frac{1}{3}$	1
	0	$-\frac{14}{3}$	1	1	$-\frac{2}{3}$	0

den Koeffizient von x_1 verschwinden lassen

Das ist ein Lösungssystem.

Lösung: $x_1 = 1$, $x_2 = x_3 = x_4 = x_5 = 0$, $x_0' = -5$ und $x_0 = 5$.

(3) Schlupfvariable x_6, x_7, x_8 einführen :

1. $x_i \geq 0 \qquad i = 1, \ldots, 8$

2.
$$
\begin{aligned}
x_1 + x_2 & & & - x_6 & & = 1000 \\
x_1 \quad + 2x_3 + x_4 & & & - x_7 & & = 2000 \\
x_2 + \; x_3 + 2x_4 + 4x_5 & & & - x_8 & & = 3200
\end{aligned}
$$

3. $x_0 = x_1 + x_2 + x_3 + x_4 + x_5 \;\rightarrow\; Min\,!$

$\quad (x_0' = -x_1 - x_2 - x_3 - x_4 - x_5 \;\rightarrow\; Max\,!)$

Nun werden künstliche Variablen y_1, y_2, y_3 eingeführt,
die in der 1. Phase als Basisvariable dienen sollen und
$z = -y_1 - y_2 - y_3 \;\rightarrow\; Max!$ lösen:

1. $x_i, y_i \geq 0$

2.
$$
\begin{aligned}
x_1 + x_2 & & & - x_6 & & + y_1 & = 1000 \\
x_1 \quad + 2x_3 + \; x_4 & & & - x_7 & & + y_2 & = 2000 \\
x_2 + \; x_3 + 2x_4 + 4x_5 & & & - x_8 & + y_3 & = 3200
\end{aligned}
$$

3. $z = -y_1 - y_2 - y_3 \;\rightarrow\; Max\,!$

Die Koeffizienten vor y_i müssen verschwinden, damit ein
zulässiges Gleichungssystem entsteht.

	x_1	x_2	x_3	x_4	x_5	x_6	x_7	x_8	y_1	y_2	y_3	
z	0	0	0	0	0	0	0	0	1	1	1	0
	1	1	0	0	0	-1	0	0	1	0	0	1000
	1	0	2	1	0	0	-1	0	0	1	0	2000
	0	1	1	2	4	0	0	-1	0	0	1	3200
	-2	-2	-3	-3	-4	1	1	1	0	0	0	-6200
	1	1	0	0	0	-1	0	0	1	0	0	1000
	1	0	2	1	0	0	-1	0	0	1	0	2000
	0	1	1	2	④	0	0	-1	0	0	1	3200
	-2	-1	-2	-1	0	1	1	0	0	0	1	-3000

	x_1	x_2	x_3	x_4	x_5	x_6	x_7	x_8	y_1	y_2	y_3	
z	-2	-1	-2	-1	0	1	1	0	0	0	1	-3000
	①$1$	1	0	0	0	-1	0	0	1	0	0	1000
	1	0	2	1	0	0	-1	0	0	1	0	2000
	0	$\frac{1}{4}$	$\frac{1}{4}$	$\frac{1}{2}$	1	0	0	$-\frac{1}{4}$	0	0	$\frac{1}{4}$	800
	0	1	-2	-1	0	-1	1	0	2	0	1	-1000
	1	1	0	0	0	-1	0	0	1	0	0	1000
	0	-1	②$2$	1	0	1	-1	0	-1	1	0	1000
	0	$\frac{1}{4}$	$\frac{1}{4}$	$\frac{1}{2}$	1	0	0	$-\frac{1}{4}$	0	0	$\frac{1}{4}$	800
z	0	0	0	0	0	0	0	0	1	1	1	0
	1	1	0	0	0	-1	0	0	1	0	0	1000
	0	$-\frac{1}{2}$	1	$\frac{1}{2}$	0	$\frac{1}{2}$	$-\frac{1}{2}$	0	$-\frac{1}{2}$	$\frac{1}{2}$	0	500
	0	$\frac{3}{8}$	0	$\frac{3}{8}$	1	$-\frac{1}{8}$	$\frac{1}{8}$	$-\frac{2}{8}$	$\frac{1}{8}$	$-\frac{1}{8}$	$\frac{2}{8}$	675

Das ist ein Lösungssystem für z mit Optimalwert 0. Also
können Sie unter Weglassung der künstlichen Variablen y_i
und mit dem Rest des Tableaus zur 2. Phase übergehen, wo
$x_0' = -x_1 - x_2 - x_3 - x_4 - x_5$ zu maximieren ist :

	x_1	x_2	x_3	x_4	x_5	x_6	x_7	x_8	
x_0'	1	1	1	1	1	0	0	0	0
	1	1	0	0	0	-1	0	0	1000
	0	$-\frac{1}{2}$	1	$\frac{1}{2}$	0	$\frac{1}{2}$	$-\frac{1}{2}$	0	500
	0	$\frac{3}{8}$	0	$\frac{3}{8}$	1	$-\frac{1}{8}$	$\frac{1}{8}$	$-\frac{2}{8}$	675
	0	$\frac{1}{8}$	0	$\frac{1}{8}$	0	$\frac{5}{8}$	$\frac{3}{8}$	$\frac{2}{8}$	-2175
	1	1	0	0	0	-1	0	0	1000
	0	$-\frac{1}{2}$	1	$\frac{1}{2}$	0	$\frac{1}{2}$	$-\frac{1}{2}$	0	500
	0	$\frac{3}{8}$	0	$\frac{3}{8}$	1	$-\frac{1}{8}$	$\frac{1}{8}$	$-\frac{2}{8}$	675

Die Koeffizienten vor x_1, x_3 und x_5 werden zum Verschwinden gebracht.

Das ist bereits ein Lösungssystem. Die Lösung lautet:
$x_1 = 1000$, $x_3 = 500$, $x_5 = 675$, $x_2 = x_4 = x_6 = x_7 = x_8 = 0$,
$x_0' = -2175$ und $x_0 = 2175$.

(4) *In den beiden ersten Gleichungen führen wir die*
Schlupfvariablen x_6 und x_7 ein :

$$
\begin{array}{rrrrrrrl}
2x_1 + & x_2 & & - x_4 & & + x_6 & & = 1 \\
-2x_1 - & x_2 & & \div 5x_4 & - x_5 & & + x_7 & = 1 \\
& 2x_2 & + x_3 & + x_4 & - x_5 & & & = 1 \\
2x_1 + & x_2 & & + 3x_4 & - x_5 & & & = 4
\end{array}
$$

Die Variablen x_3, x_6 und x_7 können als Basisvariable
dienen. Als weitere Basisvariable führen wir in die
letzte Gleichung eine künstliche Variable x_8 ein und
lösen zunächst das Problem

1. $x_i \geq 0$ $i = 1,\ldots,8$

2.
$$
\begin{array}{rrrrrrrl}
2x_1 + & x_2 & & - x_4 & & + x_6 & & = 1 \\
-2x_1 - & x_2 & & + 5x_4 & - x_5 & & + x_7 & = 1 \\
& 2x_2 & + x_3 & + x_4 & - x_5 & & & = 1 \\
2x_1 + & x_2 & & + 3x_4 & - x_5 & & + x_8 & = 4
\end{array}
$$

3. $z = -x_8 \rightarrow Max$!

Wir führen dieses System zunächst in ein zulässiges über, indem wir die 1 in der nullten Zeile verschwinden lassen :

	x_1	x_2	x_3	x_4	x_5	x_6	x_7	x_8		
z	0	0	0	0	0	0	0	1		0
	2	1	0	-1	0	1	0	0		1
	-2	-1	0	5	-1	0	1	0		1
	0	2	1	1	-1	0	0	0		1
	2	1	0	3	-1	0	0	1		4
	-2	-1	0	-3	1	0	0	0		-4
	2	1	0	-1	0	1	0	0		1
	-2	-1	0	(5)	-1	0	1	0		1
	0	2	1	1	-1	0	0	0		1
	2	1	0	3	-1	0	0	1		4
	$-\frac{16}{5}$	$-\frac{8}{5}$	0	0	$\frac{2}{5}$	0	$\frac{3}{5}$	0		$-\frac{17}{5}$
	$\left(\frac{8}{5}\right)$	$\frac{4}{5}$	0	0	$-\frac{1}{5}$	1	$\frac{1}{5}$	0		$\frac{6}{5}$
	$-\frac{2}{5}$	$-\frac{1}{5}$	0	1	$-\frac{1}{5}$	0	$\frac{1}{5}$	0		$\frac{1}{5}$
	$\frac{2}{5}$	$\frac{11}{5}$	1	0	$-\frac{4}{5}$	0	$-\frac{1}{5}$	0		$\frac{4}{5}$
	$\frac{16}{5}$	$\frac{8}{5}$	0	0	$-\frac{2}{5}$	0	$-\frac{3}{5}$	1		$\frac{17}{5}$
z	0	0	0	0	0	2	1	0		-1
	1	$\frac{1}{2}$	0	0	$-\frac{1}{8}$	$\frac{5}{8}$	$\frac{1}{8}$	0		$\frac{6}{8}$
	0	0	0	1	$-\frac{1}{4}$	$\frac{1}{4}$	$\frac{1}{4}$	0		$\frac{1}{2}$
	0	2	1	0	$-\frac{3}{4}$	$-\frac{1}{4}$	$-\frac{1}{4}$	0		$\frac{1}{2}$
	0	0	0	0	0	-2	-1	1		1

Da $z = -x_8$ ein Maximum $-1 < 0$ hat, ist also unsere ursprüngliche Aufgabe nicht zulässig lösbar.

<u>**Lösungen zu 4.4.1.**</u>

(1) Die Dualaufgabe:

1. $y_1, y_2 \geq 0$

2. $y_1 + 2y_2 \leq 1$
   $2y_1 + y_2 \leq 1$

3. $y_0 = 3y_1 + 3y_2 \to$ Max !

*Wenn Sie die beiden Aufgaben graphisch lösen, erhalten
Sie für die Primalaufgabe: die optimale Lösung ist
$x_1 = x_2 = 1$, und das Optimum ist 2.
Die optimale Lösung der Dualaufgabe ist $y_1 = y_2 = \frac{1}{3}$,
und das Optimum ist wieder 2.*

*Man sieht also, daß beide Aufgaben gleichzeitig lösbar
sind und dieselben Optimalwerte besitzen.*

(2) Die Dualaufgabe:

1. $y_i \geq 0 \qquad i = 1,2,3$

2. $2y_1 + y_2 - y_3 \leq 1$
   $\quad y_1 - y_2 + 2y_3 \leq 2$
   $-2y_1 - y_2 + 2y_3 \leq 2$
   $\quad 3y_1 + 2y_2 + y_3 \leq 1$

3. $y_0 = y_2 + 4y_3 \to$ Max !

*Die Dualaufgabe dieser Aufgabe ist wieder die Primal-
aufgabe.*

(3)   *Primalaufgabe:*   *Dualaufgabe:*

1. $x \geq O$ 1. $y \geq O$
2. $A \cdot x \geq b$ 2. $A^T \cdot y \leq k^T$
3. $k \cdot x \to Min\ !$ 3. $b^T \cdot y \to Max\ !$

Angenommen, A sei quadratisch und es gelte
$A^T = -A$ *und ferner* $b^T = -k$.

Dann sieht die Dualaufgabe so aus:

$$A^T \cdot y \leq k^T \quad \to \quad (-A)y \leq k^T = -b \quad \to \quad Ay \geq b$$

$$b^T \cdot y \to Max\ ! \to (-k)y \to Max\ ! \quad \to \quad ky \to Min\ !$$

Die Dualaufgabe stimmt mit der Primalaufgabe überein.

Beispiel:
$$A = \begin{pmatrix} o & 1 & -2 \\ -1 & o & 3 \\ 2 & -3 & o \end{pmatrix} \ , \quad b = \begin{pmatrix} 1 \\ -2 \\ -4 \end{pmatrix} \ , \ k = (-1,2,4)$$

(1) Dualaufgabe :

1. $y_1, y_2 \geqslant 0$

2. $\quad y_1 + y_2 \geqslant 1$
   $-y_1 + y_2 \geqslant 1$
   $-y_1 - 2y_2 \geqslant -1$

3. $y_0 = 2y_1 + 3y_2 \rightarrow Min\ !$

Sie können graphisch einsehen, daß diese Aufgabe
nicht lösbar ist. Also ist, wegen des Dualitätssatzes, die Primalaufgabe auch nicht lösbar.

(2) Das Optimum des dualen und des primalen Problems
ist 2 .

<u>**Lösungen zu 4.4.3.**</u>

(1)   *Primales Problem*   *Duales Problem*

1. $x_1, x_2 \geqq 0$ 1. $y_1, y_2 \geqq 0$

2. $x_1 + 2x_2 \geqq 3$ 2. $y_1 + 2y_2 \leqq 1$

   $2x_1 + x_2 \geqq 3$ $2y_1 + y_2 \leqq 1$

3. $x_0 = x_1 + x_2 \rightarrow Min!$ 3. $y_0 = 3y_1 + 3y_2 \rightarrow Max!$

optimale Lösung: $x_1 = x_2 = 1$
Optimum   : 2

*Wegen des Dualitätssatzes ist das duale Problem
ebenfalls lösbar und das Optimum ist 2.
Die optimale Lösung (y_1, y_2) der Dualaufgabe wird
mit Hilfe des Gleichgewichtssatzes berechnet:*

*Wäre $y_1 + 2y_2 < 1$, so müßte $x_1 = 0$ sein. Wegen
$x_1 = 1$ muß also $y_1 + 2y_2 = 1$ gelten.*

*Wäre $2y_1 + y_2 < 1$, so müßte $x_2 = 0$ sein. Wegen
$x_2 = 1$ gilt also $2y_1 + y_2 = 1$.*

Aus beiden Gleichungen folgt $y_1 = y_2 = \frac{1}{3}$.

(2)   Dualaufgabe:

1. $y_1, y_2 \geqq 0$

2. $y_1 + y_2 \leqq 4$ I.

   $-6y_1 - 2y_2 \leqq -8$ II.

   $y_1 - 5y_2 \leqq -4$ III.

   $y_1 \leqq 3$ IV.

   $y_2 \leqq 2$ V.

3. $y_0 = 2y_1 + 3y_2 \rightarrow Max!$

*Wenn man die Dualaufgabe graphisch löst, findet
man $y_1 = y_2 = 2$ als optimale Lösung und 1o als
Maximum; daraus folgt zunächst, daß auch die Primalaufgabe lösbar und 1o das Minimum ist. Wir bestimmen jetzt die $x_i (i=1,\ldots,5)$, für die der Optimalwert 1o angenommen wird :*

*Die Bedingungen II, III, IV der Dualaufgabe sind
im Optimalfall $(y_1 = y_2 = 2)$ echte Ungleichungen.
Aus dem Gleichgewichtssatz folgt $x_2 = x_3 = x_4 = 0$.
Auf der anderen Seite können die Bedingungen 2. der
Primalaufgabe im Optimalfall keine echten Ungleichungen sein, da sonst wegen des Gleichgewichtssatzes
y_1 und y_2 verschwinden müßten, was nicht der Fall
ist. Also gilt*

$$x_1 - 6x_2 - x_3 + x_4 = 2$$
$$x_1 - 2x_2 - 5x_3 + x_5 = 3 \;.$$

*Zusammen mit $x_2 = x_3 = x_4 = 0$ ergibt sich daraus
$x_1 = 2, x_5 = 1$.*

*Die optimale Lösung lautet: $x_1 = 2, x_2 = 0,
x_3 = x_4 = 0, x_5 = 1$.*

(3) Die Dualaufgabe:

1. $y_i \geq 0 \quad i=1,2,3$

2.
$$y_1 + y_2 \leq 1$$
$$y_1 + y_3 \leq 1$$
$$2y_2 + y_3 \leq 1$$
$$y_2 + 2y_3 \leq 1$$
$$4y_3 \leq 1$$

3. $y_0 = 1000y_1 + 2000y_2 + 3200y_3 \rightarrow$ Max !

*Die Primalaufgabe kann man als ein Diätenproblem
in einer Garnison oder als ein Futtermischungs-
problem in einer Viehzuchtwirtschaft interpretieren,
wo aus 5 Sorten von Lebensmitteln (bzw. Futtermit-
teln) eine Mischung herzustellen ist, die von 3 Grund-
nährstoffen die vorgeschriebenen Mindestmengen enthält. Die Preise der Lebensmittel (bzw. Futtermittel)
sind einheitlich.*

Nährstoffe	Lebensmittel (Futtermittel)					Mindestmengen für Nährstoffe
	1	*2*	*3*	*4*	*5*	
1	*1*	*1*	*o*	*o*	*o*	*1ooo*
2	*1*	*o*	*2*	*1*	*o*	*2ooo*
3	*o*	*1*	*1*	*2*	*4*	*32oo*
Preise	*1*	*1*	*1*	*1*	*1*	

*Die Dualaufgabe kann man als das Problem eines Nähr-
stoffpillenproduzenten ansehen, der die Pillenpreise
so festlegen will, daß erstens die Lebensmittelpreise
eingehalten werden und zweitens der Gewinn beim Ge-
schäft mit der Garnison maximal wird.*

*Die Primalaufgabe war in den Lösungen zu 4.3.6. bear-
beitet worden mit dem Ergebnis*
$x_1 = 1ooo, \ x_2 = 0, \ x_3 = 5oo, \ x_4 = 0, \ x_5 = 675; \ x_o = 2175$ *Min.*

*Nach dem Dualitätssatz ist auch die Dualaufgabe lös-
bar, da die Primalaufgabe eine zulässige Optimallösung besitzt. Der Optimalwert der Dualaufgabe ist ebenfalls* $y_o = 2175$.

Bestimmung der Werte der y_i, für die $y_o = 2175$
angenommen wird :

Die erste, dritte und fünfte Bedingung der Dual-
aufgabe können im Optimalfall keine echten Unglei-
chungen sein, da sonst x_1, x_3 und x_5 im Optimal-
fall verschwinden müßten. Das ist aber nicht der
Fall (x_1=1ooo, x_3=5oo, x_5=675).

Also folgt:

$$y_1 + y_2 \qquad\quad = 1$$
$$2y_2 + y_3 = 1$$
$$4y_3 = 1$$

Dieses Gleichungssystem hat die Lösung $y_1 = \frac{5}{8}$,
$y_2 = \frac{3}{8}$ und $y_3 = \frac{1}{4}$.

Daher lautet die Lösung der Dualaufgabe

$$y_1 = \frac{5}{8}, \ y_2 = \frac{3}{8}, \ y_3 = \frac{1}{4}; \ y_o = 2175 \ \text{Max.}$$

Sie können nachprüfen, daß tatsächlich

$$y_o = 1oooy_1 + 2oooy_2 + 32ooy_3 \quad gilt.$$

Lehrbücher der Mathematik für Wirtschaftswissenschaftler

Allen, R.G.D., Mathematik für Volks- und Betriebswirte, 4. Auflage, Berlin 1972.

Beckmann, M.J. und Künzi, H.P., Mathematik für Ökonomen I und II, Berlin - Heidelberg - New York 1969 und 1973.

Bliefernich, M.; Gryck, M.; Pfeifer, M. und Wagner, G.J., Aufgaben zur Matrizenrechnung und linearen Optimierung, Würzburg 1974.

Collatz, L. und Wetterling, W., Optimierungsaufgaben, Berlin - Heidelberg - New York 1973.

Hadley, G., Linear Algebra, Reading (Mass.) - Menlo Park (Calif.)- London - Sydney - Manila 1961.

Hofmann, W., Lehrbuch der Mathematik für Volks- und Betriebswirte, Wiesbaden 1974.

Lancaster, K., Mathematical Economics, New York - London 1968.

Pfuff, F., Mathematik für Wirtschaftswissenschaftler I, II und III, Braunschweig 1981/1982.

Schwarze, J., Mathematik für Wirtschaftswissenschaftler, Berlin 1981.

Sommer, F., Einführung in die Mathematik für Studenten der Wirtschaftswissenschaften, Berlin - Göttingen - Heidelberg 1968.

Stöppler, S., Mathematik für Wirtschaftswissenschaftler, 3. Auflage, Wiesbaden 1982.

Stoewe, H. und Härtter, E., Lehrbuch der Mathematik für Volks- und Betriebswirte, 2. Auflage, Göttingen 1972.

Yamane, T., Mathematics for Economists. An Elementary Survey, Englewood Cliffs, N.Y. 1968.

GABLER-Fachliteratur
zu „Mathematik / Operations Research / Statistik / Ökonometrie"

Heiner Abels
Wirtschafts- und Bevölkerungsstatistik
4., durchgesehene und aktualisierte Auflage 1993,
276 Seiten,
Broschur, 48,— DM
ISBN 3-409-63895-4

Fritz P. Helms
Wirtschaftsmathematik I
Anwendungen der elementaren Differentialrechnung
1989, VHS-Video 60 min. und Begleitheft mit 40 Seiten,
Kunststoffkassette, 118,— DM
ISBN 3-409-13922-2

Heiner Abels / Horst Degen
Übungsprogramm Wirtschafts- und Bevölkerungsstatistik
3., vollständig überarbeitete Auflage 1989, 228 Seiten,
Broschur, 39,80 DM
ISBN 3-409-27063-9

Waldemar Hofmann
Mathematik für Volks- und Betriebswirte
4., vollständig überarbeitete Auflage 1989, VIII, 223 Seiten,
Broschur, 49,80 DM
ISBN 3-409-30112-7

C. C. Berg / U.-G. Korb
Mathematik für Wirtschaftswissenschaftler
Teil 1: Analysis
3. Auflage 1985, VI, 217 Seiten,
Broschur, 32,— DM
ISBN 3-409-95015-X

Heinrich Holland / Doris Holland
Mathematik im Betrieb
2., überarbeitete und erweiterte Auflage 1991, 312 Seiten,
Broschur, 49,80 DM
ISBN 3-409-22000-3

GABLER

BETRIEBSWIRTSCHAFTLICHER VERLAG DR. TH. GABLER, TAUNUSSTRASSE 52-54, 65183 WIESBADEN